U0525730

退休第一课

牛飚 著

华龄出版社

图书在版编目（CIP）数据

退休第一课 / 牛飚著 . -- 北京 ：华龄出版社，2024.9
ISBN 978-7-5169-2647-5

I. ①退… II. ①牛… III. ①老年人—心理保健 IV. ① B844.4 ② R161.7

中国国家版本馆CIP数据核字（2023）第215424号

责任编辑	程　扬	责任印制	李未圻
责任校对	张春燕		

书　　名	退休第一课	作　者	牛　飚
出　　版	华龄出版社 HUALING PRESS		
发　　行			
社　　址	北京市东城区安定门外大街甲 57 号	邮　编	100011
发　　行	（010）58122250	传　真	（010）84049572
承　　印	北京天工印刷有限公司		
版　　次	2024 年 9 月第 1 版	印　次	2024 年 9 月第 1 次印刷
规　　格	787mm×1092mm	开　本	1/16
印　　张	13.5	字　数	145 千字
书　　号	ISBN 978-7-5169-2647-5		
定　　价	68.00 元		

版权所有　侵权必究

本书如有破损、缺页、装订错误，请与本社联系调换

序言

1984年，当我国大多数人，还不知道"老龄化"这个词时，我很幸运，被当时萍水相逢的江苏省人事局副局长张鸣看中，把我从一个不知名小县城调到江苏省老龄问题委员会工作，从事了近40年老龄工作。这舞台让我工作很有成就感，也衣食无忧。因工作性质，与各层面老年人打交道，让我感到，别人的人生是一边体验爬山，一边欣赏周边的风景，而我二十几岁时，就开始不时地参与作古老人的送行，不自觉地欣赏60岁后人生爬山的风景，这个人走了，那个人走了，他们幸福吗？为什么？这本书就是我近40年不自觉和自觉的思考。

首先，把本书献给我一生中最大的贵人——今年已经96岁的张鸣老人，证明他当初看中我没有错。

其次，从我小时，母亲就教导我"不要做可有可无的人"，她自己就是这样以身示教的。她从小失去母亲，自觉成为了照顾弟妹的好大姐；我父亲青年时被打成"右派"，她自觉成为了贤妻良母。工作中她是当地知名的优秀教师，桃李满天下。退休后还把第三代培养到大学毕业出国读研究生。我一直遵循她的教导，以她为榜样，不做可有可无的人。她在世时，我一心扑在工作上，没能抽出时间孝敬她。她也是我的精神靠山，没想到她也需要照顾，总想着等我退休了好好照顾她，谁知她74岁突然就走了，铸成我终身的遗憾，时常让我痛彻心扉。她临终前，朦胧说了一句话："要是相信我儿子就好了"。我是她的杰作，她知道我一直在努力，但我做得还不够好。随着自己年龄增长，退休了，更怀念母亲，把这本书献给母亲，告诉她，她儿子至今还不想做可有可无的人，以告慰母亲大人在天之灵。

再次，本书不是严谨的学术研究，更不是真理，只是个人一边生活、一边思考的分享，献给退休人员，希望对每个人退休后的幸福生活有所帮助。如获赞赏，本人会很欣慰。但是，错误观点和语句在所难免，如有批评、批判或指责，说明你阅读了、思考了，也正是本人希望，绝不争辩。

最后，养育孩子是半生烦神劳力费钱的事，回过头来看，一件烦恼的事都记不起来，记得的都是快乐的事。有一天，我十分沮丧地躺在沙发上，5岁的女儿走过来对我说"爸爸你怎么了，这个社会需要你！"把我惊呆了，我看着她，这是5岁小孩说的话吗？至今，我也无法解释孩子怎么会说出这样的话。这本书赠送给女儿，希望她能在爸爸认知的基础上，生活得更幸福。

我自信，做父母的若把这本书推荐给职场上的年轻子女阅读参考，对他们的人生一定会有好处。如果退休的读者送给您的朋友，就是一分功德。

本书写作上虽然有逻辑顺序，可从前向后阅读，也可以用碎片时间随便翻开任何一页阅读，或从后向前阅读，或跳着阅读。

牛飚

2024年4月18日

完稿于安徽省岳西县天悦湾风情小镇

目 录

第一章 何谓幸福——生命评估·往事不能如烟 /001

　　第一节　您对幸福的感受是什么？ /001

　　第二节　他人对幸福的理解您知多少？ /007

　　第三节　我对幸福的理解您赞同吗？ /014

　　第四节　自我幸福度评估——以往生活生命评估 /039

　　第五节　评估后的启迪 /047

第二章 幸福有道——生命循证·人生要活得更明白 /052

　　第一节　幸福与否的推理 /052

　　第二节　生命轨迹定律 /063

　　第三节　人生定律 /094

第三章 幸福提升——生命规划·不要漂泊，要自主航行 /108

　　第一节　要不要做提升幸福的生命规划 /108

　　第二节　生命幸福规划：理念的选择 /130

　　第三节　生命幸福规划：目标任务的选择 /140

　　第四节　生命幸福规划：通往幸福的路径 /153

第一章　何谓幸福

——生命评估·往事不能如烟

第一节　您对幸福的感受是什么？

> 政府最核心的目标：人民幸福。
> 社会最流行的祝愿：祝您幸福。
> 个人最基本的追求：生活幸福。

天天讲幸福，一生追求幸福，您对幸福怎么理解？从60岁退休，还要活到90岁，这30年怎样才能幸福？一定要把幸福弄清楚。人生，一是要活得更美好，二是要活得更明白，才能真正的更幸福（见图1）。要活得更明白，是人性中的最高属性，是人类发展的根本动力。

```
        活得更美好     人生     活得更明白
```

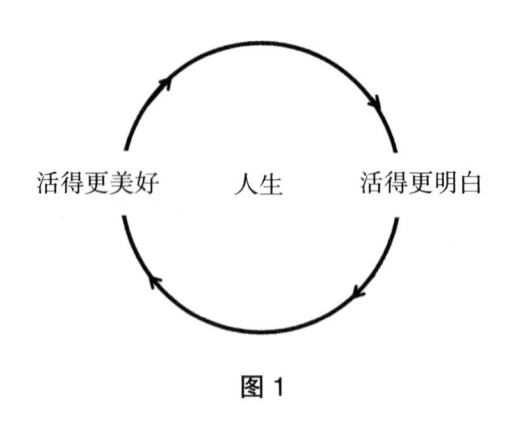

图 1

先请您回答一个问题：

您感觉自己（或某人）生活幸福吗？（请在以下选择"□"上打√)?

答：□很幸福　□幸福　□一般　□说不清　□不幸福　□很不幸福

如果您选择自己"幸福"，我问您：这么好的时代，许多比您出生家庭卑微、生长环境差的人，您的发小、同学、同乡等，当初论家庭、论才能、论长相都比您差，现在都比您强，许多做了县处级、市厅级、省部级干部，或成为千万、亿万富豪，开豪车住豪宅，生活在上流圈，您凭什么说您幸福？您现在的境况，是不是应该觉得羞愧！或许，您有巨额财富，可您的孩子不成器，成了您最大的心病；或许您父母离世太早，未能享受到您带给他们的好日子。您幸福吗？我一位朋友，钱不多，每天晚上回家能与90多岁的老父亲聊聊天，喝一两杯小酒，父慈子孝，父子俩经常以诗相赠，充满思想和情感生活的快乐。您比他幸福吗？

如果您选择自己"不幸福",我问您:这个世界现在还有6亿多人处于饥饿状态,您父母大半辈子为温饱辛苦,您吃、住、穿不用愁,还有医疗保险,您凭什么说您不幸福。您是不是太贪得无厌了!一位全职太太,说自己这辈子不幸福,错就错在自己放弃了工作,选择了家庭,来世一定要有自己的工作和事业。可是,现在又有多少人想做全职太太,有会赚钱的老公,可以不为挣钱发愁。

如果您选择某名人"很幸福",我问您:您看到他外表光环闪烁,您知道他的家庭生活吗?您知道他的婚姻状况吗?您知道他内心世界的痛苦吗?也许因为当初选错了配偶,又顾忌自己是公众人物,而不敢离婚,夫妻生活凄凄惨惨。有一次,酒桌上一位职位令人羡慕的成功人士喝多了,说与妻子30年同屋分室而居,除了家庭事务,没有多余的话说。您认为他幸福吗?

如果您给一位马路清扫工人选择"不幸福",我问您:您知道他们夫妻有多恩爱吗?您知道他们的孩子有多孝顺吗?他的每一分付出,家人都会怀着十分感恩的心,他们在相互感动中充实地生活。可您对丈夫(或妻子)和孩子付出了一生,他们还埋怨您这也不是,那也不是。您又怎能评判说他人不幸福呢!

也许,您羡慕大学教授幸福,您知道吗,他们培养的子女或许大多都去留学并在国外定居了,自己晚年孤独无助。对比那些住房不多,三代同堂,和睦相处,其乐融融的家庭。谁更幸福?

也许,您羡慕高官,认为他们权力很大,感叹自己没有这样好运。当您看到,一个一个腐败的高官在反腐中落马,还有一些在焦虑中夜不能眠,您还羡慕他们吗?还有,现实中可以看到,一个人拥有高官地位时，往往被虚情假意、阿谀奉承包围，您认为那是幸福吗？也许您羡慕富豪，有位富豪对他儿子说，"你是我的儿子，很不幸，你这辈子没有真正的朋友，因为你太有钱了，你的朋友都是看中你的钱。我年轻时贫穷，在艰难中才遇上一些真情相助的朋友，结下了深厚的友情，比你幸福。"

有一天晚上，我与两位相交30年的朋友，坐在马路边，打着赤膊喝着小酒，聊着感人的往事，他们说这种感觉就是幸福，您认同吗？

我从事老龄工作近40年，"是否幸福"这类问卷的社会调查做过多次，往往有些很让人羡慕的人，社会高层面的人，会回答"一般""说不清"或"不幸福"；有些生活很艰难的人，社会低层面的人，会回答"很幸福""幸福"。究其原因，主要来自四个方面：

1. 愿望与满足对应如何。大多数社会底层的老年人，比如，我国过去的农民，一辈子没有社会生活保障，拥有基本生活保障就是他们的愿望和追求，到了新时代，年老后有了经济和医疗社会保障，他们就感到很幸福。而从小衣食无忧的人，可能人生有更高的追求，如果得不到满足，他们会感到不幸福。许多家庭，一方辛勤付出，总想得到对方的爱，而对方毫无感激之心，认为理所当然，一句认可和感谢的话都没有，怎么会有幸福感呢。一些文化层次较高的人，可能最大的生活追求和愿望，是促进社会文明进步，却感觉自己生活在利益至上、假话满盈的环境中，他们又无力改变，又怎能感受到幸福呢！满足感有来自于生理和物质需求的满足，也可能来自于精神和情感需求的满足。生理和物质方面需求的满足好理解，而精神方面需求的满足，许多人未必清楚。精神需求的满足，首先，是主观价值被认可的满足感（包括个人意志的满足）。被接受、被需要、被赞美、被感恩、被尊重、被爱戴，地位提升、职称晋升、荣誉上升，意志的体现、权力的拥有、创造发明成果被应用、做到一般人做不到的事等价值体现，会体验到幸福感。其次，是个人智慧提升的满足感。知识的获取，能力的增强，难题的解答，判断的准确，灵感的喷发，真理的发现，思想生活的丰富，思想境界的超越，会体验到幸福感。再次，是文化兴趣的满足感。如传统的琴棋书画、诗词歌舞，现代摄影、旅游、收藏、电影、电视、游戏等享受，会体验到幸福感。最后，是情感需求满足，包括被爱和爱人，被爱有来自父母、祖父母、配偶、兄弟姐妹、孩子、朋友、社会等的爱，爱人有爱父母、爱祖父母、爱配偶、爱兄弟姐妹、爱孩子，爱朋友、爱人类、爱宠物等。能够去爱，有机会为自己所爱的人做更多的事，得到认可、尊重、感激、回报，往往比被爱更幸福。当今社会，每个人都有幸福可言，大多数人是比上不足，比下有余。如果，感觉自己"很不幸福"，需要反省，可能是一种病态，是自我摧残，需要纠正。如果，您感觉自己"很幸福"，很满足，也需要反省，可能是不思进取，需要纠正，因为还有更多的幸福等待您追求、丰富和创造。社会的进步就是人民对美好生活需求的不断增长与满足的过程，就是对幸福的追求和满足的过程。

2. 与谁相比。乞丐一般不会嫉妒亿万富翁，却会嫉妒比他讨要得更多的乞丐。大多数人都是比上不足，比下有余。但是，一般人既不会与总统和全国知名企业家比，从而感到人生不幸福，也不会与街头乞丐比，从而感到人生很幸福。多数人会无意识地与自己身边的人和同起点的人相比。例如，与从小一起长大的人比，因自己过得更好，而感到幸福；因自己过得不如别人，而感到不幸福。与自己的同班同学比，如果自己是最成功的，而感到很自豪和幸福；如果自己是最失败的，而感到不幸福；如果自己不是最好，也不是最差，而感到一般。与差不多时间一起进到一个单位的同事比，如果自己进步很快，而感到幸福；如果自己进步不如别人，而感到不幸福。还有与不同环境比，例如，国内与国外比，有人可能认为中国人没有发达国家人幸福；农村与城市比，有人可能认为农村人没有城里人幸福；不同的行业比，有人可能认为低收入行业没有高收入行业的人幸福；不同时代相比，今天的时代比昨天时代的人更幸福，但也可能有人有相反的认识。

3. 个人经历。经历了战争年代的人，更能体验和平的幸福。经历了为安全担惊受怕的日子，更能体验良好治安环境的幸福。经历了 20 世纪 60 年代初"三年困难时期"的人，更能感受到今天衣食无忧的幸福。经历过贫穷的日子，更能体验到有钱的幸福。经历了"十年动乱"的人，更能体验到言论自由的幸福，尤其有过牢狱经历的人更知道自由的幸福。经历了改革开放创业艰辛的人，更能体验到创业成功的幸福。现在这一代老年人，总体上幸福感较高。

4. 理性认知。人生阅读经历或接受的文化不同，对幸福的理性认识和感受是有差异的。不同宗教对幸福有不同的理解，教徒们追求其不同的幸福并为其献身。有人认为幸福是为他人创造幸福；有人认为幸福是功成名就；有人认为自由最幸福，辞去大机构工作，做一个个体户，自己不受别人管，自由自在很幸福，而在大机构工作，按时上下班，各种规章制度约束，人与人关系复杂；而有人认为大机构的高管才更有社会地位，更受社会尊重，更有幸福感；有人认为赚的钱越多，越有幸福感，一生走在拼命赚钱的路上；有人认为做官最幸福，官当得越大，幸福度越高，一天也不愿放弃官位。一个人世界观、人生观、价值观不一致，对幸福理解差异很大，您敬畏天理，他崇拜权威；您站在良知一边，他站在赢者一边；您追求自由，他追求限制别人自由的权力，对个人生活幸福的感受会完全不一样。学习、教育、智慧可以改变人的愿望，改变人的认知，改变人的价值观，改变人的幸福感。

究竟何为幸福？至今社会也没有共识。

第二节　他人对幸福的理解您知多少？

一、关于幸福的理解很多

幸福是感受：饿时有饭吃的快感，渴了有水喝的快感，内急难忍时找到了厕所的快感，病痛折磨时药到病除的快感，穷困潦倒时收到一大笔钱的快感，累了能躺下来休息的快感……

幸福是状态：有事做、有钱赚、有乐趣，有亲情、有爱情、有友情，能吃、能喝、能排、能睡，不疼不痒、无功能障碍，白天有说有笑，晚上睡个好觉……

幸福是获取：拥有高学历、高收入、高地位、好声誉、长寿命、多财富、多资源、多服务、多人脉……

幸福是人生任务的圆满：因为您的努力，父母健康长寿，子女成才成功，夫妻相互恩爱，事业功成名就，光宗耀祖，社会称赞，他人爱戴，功德圆满。

我看到过国内一些对幸福的理解：

幸福有物质生活、精神生活、居住环境、健康水平、社会参与、社会安全六个方面。幸福有外源性生存环境、社会支持，内源性生理状况、心理素质、综合性社会功能和活力五大类。幸福有经济生活质量、健康生活质量、职业生活质量、教育生活质量、居住环境质量、情感生活质量六类指标体系等。幸福＝身体健康＋工作顺利＋家庭和睦＋生活快乐。

我也看到过国外一些对幸福的理解：

美国经济学家保罗·萨缪尔森的幸福公式：幸福＝效用/欲望。

（点评：类似"知足常乐"的另一种表述，但知足常乐是降低欲望提高幸福感，而萨缪尔森的幸福公式是从降低欲望和提升自身能力两方面提高幸福感，比知足常乐更有积极意义。但是，我认为一个人的能力应与一个人欲望相匹配，有挑重担能力，应挑相应的重担，而不是不作为。）

美国心理学家赛利格曼：总幸福指数（H）＝先天遗传素质（S）＋后天环境（C）＋能主动控制的心理能量（V）。

（点评：即先天自身条件好，后天生活环境好，又能自我保持快乐，即幸福指数高，但是，忽视了人的社会价值和个人意志的满足。）

美国泰勒·本·沙哈尔提出幸福汉堡模型（见图2）。

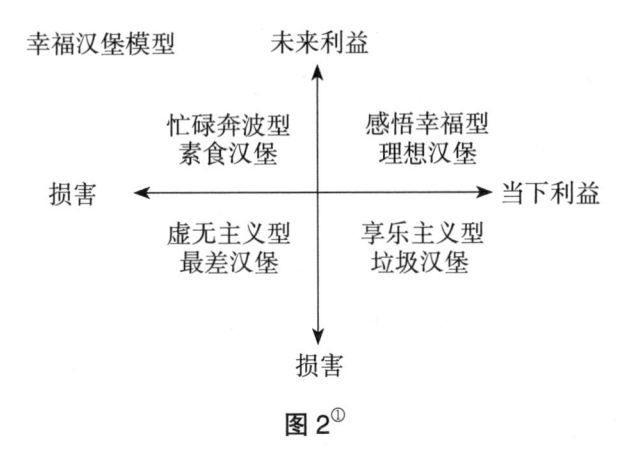

幸福汉堡模型

```
                未来利益
                  ↑
    忙碌奔波型  |  感悟幸福型
    素食汉堡   |  理想汉堡
损害 ←――――――――+――――――――→ 当下利益
    虚无主义型 |  享乐主义型
    最差汉堡   |  垃圾汉堡
                  ↓
                 损害
```

图 2[①]

（点评：既注重享受生活，又努力发展未来，是持续幸福的重要路径，但没有说明幸福的本质。）

二、社会学研究幸福包含主观指标和客观指标

幸福的主观指标有幸福感、快乐感、满足感、认同感、获得感、安全感、成就感等，有人说幸福 = 舒心 + 安心 + 放心 + 对未来有信心，还有对工作和事业的满意度、对未来生活变得更好的希望度、对经济收入的满意度、对家庭的满意度（子女、配偶、父母）、对政治环境的满意度、社会关系的满意度（受尊重

---

① 摘自 [美] 泰勒·本·沙哈尔《幸福的方法》。

和友情）、对居住环境的满意度、对社会治安的满意度、对社会风气的满意度、对自己的满意度，等等。

幸福的客观指标有个人素质（健康、知识、能力、道德）、生存环境（自然、社会、文化、经济、技术物化环境）、社会成就（学历、职位、财富、名誉、事业成功）、家庭贡献（子女成才、父母健康长寿）等。社会统计客观指标反映国家或地区居民的幸福度：有社会经济和医疗保障水平、人均可支配经济收入（元／年）、人均储蓄、国民受教育水平（学历）、人均住房面积（平方米）、人均工作和休闲时间、人均预期寿命、居民消费结构（包括恩格尔系数）、家用电器拥有率（洗衣机、电视、空调、电脑等）、智能化运用（移动智能手机使用率、健康智能化管理、AI使用情况等）、汽车消费比重、旅游消费比重、文化产业比重、生活自然环境（阳光、空气、水、土壤）、生活社会环境（公平、公正、自由、社会服务功能）等。

有关幸福的一些说法。

★ 传统幸福说法列举

中国几千年的历史文化博大精深，同时也藏污纳垢，对许多问题都有多种说法，甚至有完全相悖的说法。因此，我们常说要弘扬优秀历史文化，取其精华，去其糟粕。历史文化对幸福的说法有：

幸福就是不苦，苦有八种：生苦、老苦、病苦、死苦、爱别离苦、怨恨苦、求不得苦、五阴炽盛苦（色、受、想、行、识所带来的痛苦，迷失自我）。（点评：从人生痛苦感受视角认识，生老病死是不可避免的，爱别离、怨恨、求不得、五阴炽盛等苦，是由内心产生的，实现幸福更多需要内修。这一幸福观没有社会价值的体现。）

幸福有五福：寿、富、康宁、修好德、考终。即实现寿命延长、财富自由、健康愉悦、品德高尚、享天年而善终。（点评：从人生全过程状态视角认识，没有社会价值的体现。）

推理儒教的幸福观：君子境界，君子坦荡荡，小人长戚戚。孔子对幸福的感受："饭疏食，饮水，曲肱而枕之，乐亦在其中矣。""五十而知天命，六十而耳顺，七十而从心所欲，不逾矩。"

推理道教的幸福观：成仙境界，能认知和顺应自然之道，健康长寿。

推理佛教的幸福观：成佛境界，即觉悟，觉己、觉他，没有烦恼，修得来世超越六道轮回。

★ 社会上一些幸福说法列举

幸福是"白天有说有笑，晚上睡个好觉。"（点评：这是幸福的部分外在表现，不是幸福的内核。）

幸福是，您穷，有人跟着您；您病，有人照顾您；您冷，有人抱着您；您哭，有人安慰您；您老，有人伴着您；您错，有人包容您；您累，有人心疼您。（点评：只有父母对孩子能做到。）

幸福不是您能左右多少人，而是多少人在您的左右！幸福不是在您成功时喝彩多热烈，而是在失意时有个声音对您说：朋友，加油！幸福不是您听过多少甜言蜜语，而是您伤心落泪时有人对您说：没事，有我在。（点评：您不是别人的中心，世界不是围绕您转的，这是不容易实现的幸福。）

幸福不是您开多豪华的车，而是您开着车平安到家。幸福不是您存了多少钱，而是能做自己喜欢的事。幸福不是您的爱人多漂亮，而是您爱人的笑容多灿烂。幸福不是您当了多大的官，而是无论走到哪里，人们都说您是个好人。幸福不是吃得好穿得好，而是没病没灾。（点评：告诉人们不要本末倒置，车子、票子、美貌、职位、能吃好穿好是实现幸福的条件，而目的是安全回家、能做自己喜欢的事、爱人笑容常在、能被别人认可、没病没灾。）

幸福是，学习有好学校，工作有好单位，病了有好医院，内有好家庭，外有好朋友，生活天天健康快乐。（点评：有好就有差，好学校、好单位、好医院给自己，差的留给谁？不公平。）

穷人说有钱就是幸福，病人说有个好身体就是幸福，盲人说能看见光明就是幸福，光棍说有个媳妇就是幸福……（点评：满足当前最需要的，是幸福的重要感受，而不是幸福的全部。）

幸福是父母健康长寿，子女成才成功，与爱人相濡以沫，亲戚经常往来，朋友不管身在何方都会时刻想起自己。（点评：中年人的幸福，不是年轻人和老年人的幸福。）

生活和工作，只要适合自己，就是幸福。（点评：什么是适合，很难判断，要有智慧判断。个人生活上，有人吸烟喝酒活到100岁，有人吸烟喝酒患癌症早早去世，要知道吸烟喝酒适不适合自己，是要有智慧的。社会工作上，一个人的名声，不能大于自己的实力；一个人的财富，不能大于自己的贡献；一个人的职位，不能大于自己德能，否则，会有灾殃。这也是需要智慧的。）

幸福是，无挂而来，无牵而去。（点评：老人的一种幸福感，圆满完成了今生的任务。)

幸福就是您发现身边的幸福。(点评：说对一部分，幸福既要发现，又要争取。)

幸福在于爱，在于自我遗忘。(点评：说对一部分，幸福既要爱别人，又要爱自己。)

幸福就是苦尽甘来。(点评：吃过苦的人确实更能产生幸福感，难道人生必须一代一代重复吃苦吗？！)

幸福就是有人陪您无聊，不觉得无聊。(点评：打发时间，意义没有，不可取。)

平平淡淡就是幸福。(点评：不思进取。)

简单即幸福。(点评：简单既可以反映没有智慧，也可以反映高智慧。能把复杂变简单不是一件容易的事。)

幸福，饿时有饭吃，渴时有水喝，累时可闲下来。(点评：随时得到生理上的满足，没有社会价值上的满足。)

幸福即自由。(点评：符合人的本性，但自由是有限度的，不能伤害别人。)

幸福即成功。幸福就是达到目标。(点评：不成功就没有幸福了吗？过程比成功更刺激和充实。)

幸福，是糊里糊涂，馒头被老鼠爬过，只要不告诉你，你依然吃得津津有味；领导表面讲为人民服务，背地里贪污腐败，只要您不知道，您依然感恩戴德……只要您不知道背着您的坏事，您就是幸福的人。(点评：这样的幸福很可悲。)

★西方哲学家对幸福认识列举

苏格拉底认为，幸福是智慧，他把人的心灵分为爱智、爱胜、爱利三部分，爱智最幸福，而这个智慧是最善、最正义。

亚里士多德认为，幸福是生命本身的意图和意义，是人类存在的目标和终点。他认为幸福是心灵合乎完全德行的现实活动，幸福就是至善。

伊壁鸠鲁认为，幸福是肉体的健康和灵魂的平静。

边沁认为幸福就是快乐（他认为人类的一切行为都是求乐避苦）。

马斯洛理论推论，幸福是需求层次由低到高的不断满足。

康德认为，幸福是对自己状态的满足。

尼采思想推论，幸福是权力意志的满足。

伯特兰·罗素说过"真正令人满意的幸福总是伴随着充分发挥自身的才能来改变世界。"

（点评：以上列举的西哲学家对幸福的认知，大多是从人的本身出发，未结合人的社会性。）

第三节　我对幸福的理解您赞同吗？

幸福的定义有数千种，大体上，有哲学层面的，从人的本质来思考；有社会层面的，从社会关系来思考；有个体层面的，从个人感受和获取来思考。这里不做学术研究。我只讲自己对幸福理解。幸福必须符合人欲的满足，社会的文明，天理的顺应，即合人欲，助人和，顺天理。这是人类社会运行的底层逻辑。人类最基本的行为就是本性满足和本能的施展，社会的文明，给本性带来更大的满足和使本能得到更大的延伸发展，同时，天理不可抗拒的力量也让伤害他人的本性得到抑制和退化。

一、我坚决反对的四种幸福观

一是坚决反对——幸福仅是自我感受。理由：如果幸福仅是自我感受，人类追求幸福只要用教化洗脑，或生产快乐感药品，让人们时时获得快感就行了。

二是坚决反对——幸福没有共识。理由：如果没有共识的幸福内容和目标，政府和社会就没有前进的方向。

三是坚决反对——幸福没有高低衡量。理由：如果幸福不可衡量，生活的质量就无高低，人的价值也无高低，人的追求也无高低，那什么也不用努力了，大家都一样。正因为幸福有高低，个人、组织、国家，有不满足和攀比，人类才有发展的动力。正是因为今天与昨天攀比，国内与国外攀比，自己与他人攀比，人类社会才能不断发展和进步。中国有中国梦，每个人有自己的梦，梦想就是对超越他人目标的更高追求。

四是坚决反对——幸福在于活在当下。理由：活在当下的行为与动物没有区别。活在当下本来是个有哲学内涵的概念，每个人都生活在当下的时间点上，在昨天的积累和明天的希望基础上，做好当下。许多人理解的活在当下，是昨天已经过去，明天还不确定，人生苦短，及时享乐。这是十分消极的虚无主义。只要今天不死，就要顾及明天，明天存在更美好的希望就是今天的现实，是一种客观存在。人类区别于动物的境界是活在美好的希望中，希望本身不仅是一种幸福感受，还是最强的动力。没有过去存在的希望、远虑和努力，就没有当下的幸福。今天的幸福都是来自昨天为希望所做的努力。过去农村有一些享受政府"五保"待遇的人员，年轻时只顾自己快活，老了无依无靠，无人赡养，尽管政府提供吃、穿、住、医、葬基本保障，但他们幸福指数却是不得而知的。现在，青年人崇尚"丁克"，享受当下快乐，不要说对自己未来，对民族兴旺都有不利影响。

幸福，是人们对生命意义设定的概念，是个人的追求，也是人类社会发展的取向，必须从生命的本质与社会的关系上理解、丰富和和创新。我认为，对幸福的理解，首先，应当把人的本性满足与社会文明进步相统一作为逻辑起点和归属。其次，应当遵从于天地运行不可抗拒的力量，符合人和社会的运行逻辑（见图3）。也就是人欲、社会、天理三者的统一。一切背离这个本源的认识，都不符合人类文明进步的行为逻辑。只有在此基础上分析幸福的具体内容和构建幸福指标体系才是可取的。

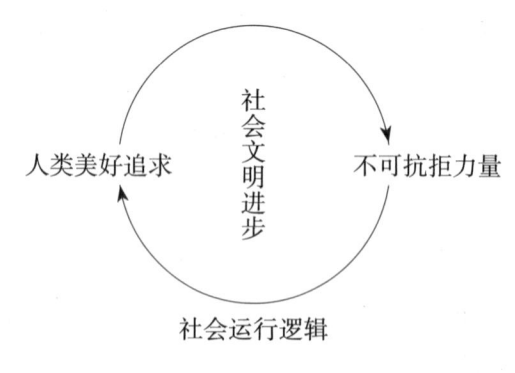

图 3

二、幸福，应当把人的本性满足与社会文明进步相统一作为逻辑起点和归属

对幸福理解的逻辑起点，是人需求的满足，满足了就幸福，不满足就不幸福。继续推理，需求有哪些？答：基本的需求有生存、发展和享乐。继续推理，生存、发展和享乐的需求内容怎么来的？答：来自本性、社会和文化。继续推理，本性、社会和文化对需求有何影响？答：本性是天生的，社会对本性具有满足和制约两重性，文化在对本性和社会认知的基础上对需求进行引导并形成个体差异。继续推理，人的需求都能满足吗？答：有些需求是不可能满足的，如贪婪、野蛮、伤害他人、奴役他人、以剥夺他人与自己的相同需求而满足自己等，因此，需要社会的制约。社会在满足人们日益增长的美好需求同时，又要制约伤害他人和不节制的行为，达到人的本性满足与社会有序、和谐、发展的统一，这就是社会文明进步。

最重要的是，要弄清人的本性有什么需求。人的本性（简称人性），既是一个生物问题，也是一个社会问题，更是一个哲学问题。人，首先是生物人，其次是社会人，再者是文化人。即人具有生物属性、社会属性和文化属性。三种属性之间相互联系。第一，对个人而言，虽是生物、社会和文化三种属性的综合体，其中必有一种占主导地位。第二，文化属性产生于对生物属性和社会属性认知，是在这种认知基础上的行为的体现。个体有认知的偏差，人类有历史阶段性认知的偏差。先进的文化可以促进人性的进化和社会文明进步，落后的文化会加剧人的生物性和社会

性的冲突，阻碍社会文明进步。文化属性有三个层次，一是建立在生物属性上的文化，以个人的需求和欲望满足为取向，如饮食文化，性文化，胜者为王、败者为寇、适者生存文化；二是建立在社会属性上的文化，历史和现阶段是以集团需求的满足为取向，如宗族文化、民族文化、集体文化、国家文化；三是超越生物和社会属性上的文化，以所有人的需求满足和遵循天地不可抗拒力量为取向。如哲学文化、科学文化等。年轻人谈恋爱，要求男士高富帅，女士白富美，高帅和白美是生物属性文化，富是社会属性文化，如果视高富帅或白富美为不值而是看重其品德，则是超越了生物和社会性文化认识。当一个人被一种文化洗脑后，他的其他属性会下降，甚至丢失。例如，有些宗教信徒，不要财富，甚至宁可牺牲生命，只追求信仰。人类的终极追求，应是克服生物属性的文化和超越现阶段社会属性文化，以所有人需求的满足、人类文明的进步和遵循不可抗拒力量取向的文化指导社会文明进步。

（一）人与动物共同的属性

人作为生物基因的人，与哺乳动物有 80% 以上的相似基因（如与老鼠 85% 相似，与黑猩猩 95% 以上相似），具有与动物共同的生物属性。

1. 自身的生存。所有生命体无条件地追求活着，为生存需要而追求食物满足、生命安全、健康长寿等。自然赋予人吃的快乐，让人寻求食物和享受食物，饥饿时，体内产生焦虑、恐慌等内分泌因子，食欲得到满足时，体内会产生内啡肽、多巴胺等愉悦因子。

2. 种族的延续。所有生命体无条件地追求种族的延续，为了让人类生命得以延续，自然赋予了人体性满足的快乐和性满足的冲动，性得不到满足时，体内产生焦虑、烦躁等内分泌因子，享受性满足时，体内会产生内啡肽、多巴胺等愉悦因子。

3. 自由自在。一切生命都追求自由自在的生活，相应体内会产生内啡肽、多巴胺等快乐因子。但是，绝对的自由是没有的，外界有各种各样的制约。抗争外界制约的动力来自自由自在生活的本性。一旦失去自由，体内就会产生焦虑、烦躁、或抑郁等有害因子或内毒素，导致健康损害，或产生疾病。动物只是追求行动和性的自由，人还追求生活自由、恋爱自由、工作自由、思想自由、言论自由、经济自由、意志自由等。今天的社会，人们从基本生存的束缚中解放出来，获得前所未有的更大的时间自由。许多家庭对孩子和配偶的自由束缚，是产生不幸福的重要原因。

★ 赘述关于人性善与恶

人性本善还是本恶，逻辑推理，一是看自然创造生命时，每个生命体以什么食物生存。吃草的羊对草是恶的，对动物是善的。吃羊的狼对羊是恶的，对草是善的。最初人以什么食物生存，如果以摘果子吃生存，人对动物就是善的；如果以狩猎动物生存，对动物就是恶的；如果同时以植物和动物为食，人对动物就有善恶两面性。二是看人类进化的过程中，依赖生存的食物的变化。人类产生了农耕和游牧两种生产和生活方式，通过基因获得性遗传，农耕基因的人对生命体更善良，而游牧基因的人更喜欢刀光血影。农耕民族对草是恶的，要斩草除根，因为它影响农作物生长。游牧民族对草是善的，热爱大草原，因为草是他们饲养的牛马羊的食物。但是，随社会变迁，两种基因的人通婚，两方面基因都有，就看外界环境需要哪方面基因发挥作用。三是看威胁人类生存安全的对方是谁，对谁就是恶的。小鸟不威胁人的生命，人对小鸟可能是善的，虎狼威胁人的生命，人对虎狼可能是恶的。朋友不威胁自己的生命，对朋友是善的；敌人威胁自己的生命，对敌人是恶的。四是文化和教育，教化人恶就恶，教化人善就善。而人类历史上常不时出现有组织地大规模的自相残杀，其文化与教育有一定影响作用。因此，人类真正的良善，需要文化、教育、实现公平正义的法律和制度、生存和自由的保障、消除战争的威胁，才能促进善的基因的进化、恶的基因的退化。

人具有超越一切动物的属性。人之所以成为生灵之冠，主宰地球，是他有超越一切动物的属性，而这种属性不是所有动物进化都能发展起来的。

4. 要明白。天地赋予人类一种特殊的生理功能——要弄明白天地和自身的一切。要弄明白外部世界和自身的起源、组成、运行和变化。要明白，是人性的最高属性，是人类文化建设、科技进步和社会发展的原始动力。做过父母的人都有体会，孩子小的时候，常会连续地发问为什么、为什么……，这就是天地赋予人类的一种本能，许多父母回答不了就嫌孩子烦，打击孩子这种本能。记得我从小时，也是这样连续追问我母亲为什么，我母亲回答不出来，就买了几本《十万个为什么》给我，让我自己去找答案。感恩我母亲没有阻止我本能的发育，至今，我还保留着这种本能。我对我女儿做得不够好，她小时连续追问我为什么时，我回答不出来就说"等你长大了就知道了"。对天地人的一切发问、追问和答案的探索，都来自人类区别于动物的最高属性——要明白。正是这种天赋本能，才让人类主宰了地球。研究发现在人学习、思考和获得问题的解答或认知的提升过程中，体内持续分泌内啡肽，产生愉悦感。内啡肽还对人体有重要的调节作用，人自然会享受和追求这种愉悦感。不断发问、学习和思考，不仅促进智慧提升，还促进健康长寿。学到老，更能活到老。发问、学习和思考，支配着人类探索未知世界，提升智慧，找寻真理，发展文化和科技，促进人类社会的文明进步。什么也不想弄明白，是对做人最高属性的放弃，而不让人弄明白，是对人最高属性的扼杀。

★ 赘述郑板桥难得糊涂的故事

有一幅郑板桥的"难得糊涂"书法作品很有名，不仅书法写得好，将真、草、隶、篆融为一体，韵味无穷，更主要的是"难得糊涂"这句话更让人喜欢，成为脍炙人口的名句和传世名匾。有不少人挂在家中，实际上挂在家中的人不一定都深刻理解这幅书法作品。郑板桥是清代著名书画家，曾担任过县令。有一种说法是，郑板桥写这幅字时，是对自己做官和清代官场的心灰意冷，深思熟虑后，辞官隐居。从这个说法看，是他弄明白了官场不能实现他的人生愿望，选择离开官场。另一种说法是，有一次郑板桥出行，天色已晚，落脚在一个山边老人家，这老人自称是糊涂老人。郑板桥是学富五车的读书人，没有想到能与糊涂老人聊得甚欢，深受启发。糊涂老人家有一块用桌子大的石头雕琢而成的砚台，雕琢精美，郑板桥很欣赏，老人就请郑板桥在上面题行字，郑板桥很高兴地写了"难得糊涂"几个字，可能是感慨巧遇与自己谈得来的"糊涂老人"的欣慰，也可能是对"糊涂老人"的赞美。题过字后，自豪地盖上自己的印章"康熙秀才雍正举人乾隆进士"。那书法、那印章，应该惊倒老人了吧！但老人没有什么反应。郑板桥就请老人也题行字。老人没有推辞，写下："得美石难，得顽石尤难，由美石转入顽石更难。美于中，顽于外，藏野人之庐，不入富贵之门也。"老人也盖上自己的印章"院士第一乡试第二殿试第三"。郑板桥被震住了，十分感慨，受其启发，也不示弱，又在"难得糊涂"下题写了"聪明难，糊涂尤为难，由聪明转入糊涂更难。放一着，退一步，当下安心，非图后来报也。"如果，这个故事是真的话，这老人是一个做过官的人，而且有自己的个性，看清了官场实现不了自己的愿望，放弃了官场。郑板桥也正逢官场失意，可以想象受其启发，产生了共鸣，与后来辞官游历隐居之间有一定的关系。"难得糊涂"和后面解释，是不断加深认知，追求明白过程中否定之否定的认识，却被许多人误解为"凡事不要弄那么清楚"这一完全相反的理解，产生了很大的不良社会影响。

5. 要仁爱。这里仁指善，爱指情。动物和人类都有，但有区别。动物和人都有善与恶的基因，在不同的环境下会被激活。食肉动物的恶，在于以牺牲其他生命，维护自己的生存；动物的善，在于维护自己后代、陪伴和帮助同类。人类受到威胁或追求个人意志无限满足时，会显示恶的一面，伤害他人。人与人之间的勾心斗角，组织与组织之间的斗争，国与国之间的战争，威胁到生命安全时，恶的一面就会被激活。其危害比动物更可怕。但人类的善性比动物更进化，第一，善大于恶，人类的善体现在怜惜更广泛的生命，维护人类的共存，发展到维护生态，与地球共存；第二，善有智慧，人的善伴随着智慧的融入，追究善恶的根源、善恶的区别，力求诸恶不作，众善奉行。第三，善有路径，人类用教育、文化、社会制度等制约人性善恶沉浮，惩恶扬善。人一旦失去对恶的外界制约和进入生死的斗争环境，人性是很难经得起考验的，恶的一面随时都有可能暴露或激发。

人需要享受被爱和释放爱，爱子女、爱配偶、爱父母、爱祖辈、爱兄弟姐妹、爱朋友、爱人类，在这种人人释放爱的环境里，自己就在被爱之中，享受爱的愉悦。

6. 要发展。人与动物不同，动物要训练与生俱来的生存技能和被动适应生存提升能力，而人作为生物人，经过教育，被打磨为社会人；经过潜能的开发，成为全面发展、逐步进化的文明人。

7. 要满意。意志的满足，人与动物都有，动物是生物意志的满足，而人在生物本性的基础上，又增加了认知和教育，形成了由生理、心理和文化的影响形成的更高级、更广泛、更持久超越动物的意志。如人追求更多的性占有、更多的财富占有、更优越的生活，更多的话语权、更大的决策权、更高的支配权，追求被尊重、被拥戴、号令天下以及自由等意志意愿的满足。人生物本能的最大幸福，是实现所有意志的满足和克服意志满足过程的阻力。而实现所有这些意志满足的有效途径之一是拥有权力。如男性在获得优秀女性青睐的过程中，可能是通过体力、智力、魅力、财力来获取，更可能是用权力途径来实现。比如，古代皇帝拥有这种权力，可以使天下美女为己占有，天下财富为己占有，天下百姓都是他的子民。每个人的生物本性在不懈地追求其意志的满足，欲望越高，对权力的渴望和追求越强。但是，个人绝对意志自由的满足是不可能实现的。因为，个人绝对意志自由的满足，必然会牺牲他人意志自由的满足，甚至生命，必然导致人与人之间的抗争和争斗，一次次腥风血雨的历史反复，都是围绕权力的角逐。人类进步的过程，就是不断探索个人意志的最大满足与整体民众意志的最大满足的平衡与统一，聚焦到民主和权力制约的探索上。

8. 要享乐。人与动物天性都会追求快乐。生存、性、自由的满足会使体内产生快乐因子，弄明白、仁爱、发展、意志的满足也会使体内产生快乐因子。研究发现，当饥饿时有食物吃，体内会分泌大量内啡肽（快乐因子）；当性饥渴得到满足时，体内也会分泌大量内啡肽，但是，获得满足后，内啡肽分泌量就会下降。而自由自在、学习获取新知识、自我保持愉悦，内啡肽则会持续分泌。内啡肽不仅产生愉悦感，促进机体和谐，还能杀死癌细胞。内啡肽是快乐的物质源泉，是大自然创造生命时，赋予人追求本性满足的奖赏，是驱动生命行为的原始动力。人的行为遵循快乐原则是天生的本能。人比动物更会追求快乐，动物仅是追求生存、性和自由本性的满足快乐，而人还追求弄明白、仁爱、发展和意志满足的快乐。动物仅是靠身体能力获取自身快乐，而人可以通过协作，相互给予体会"予人玫瑰，手有余香"的快乐。

（二）人的社会性

人的根本属性是社会性，但社会性是什么内涵？首先要认识社会本质是什么。社会的原始起点是小群体的协作，到如今发展到全人类的协作。协作，才能发挥团体的力量，发挥人类整体的力量。正是因为人类协作发挥了整体的力量，才使人类站在了生命链的最高端，甚至主宰了地球。相互协作，从抵抗异类的侵犯，完成个体无法实现的事，发展到构建复杂的社会结构和制度进行协作，促进了人类的发展。人类由小群体的协作，到村庄或部落的协作，到分工的协作，到社会结构性的协作，到代际间的协作，到国家的协作，到人类命运共同体的协作。人与动物协作的最大区别是交换，用猎物换谷物，用谷物换织布，用织布换工具，用自己拥有的多的东西换取其他自己需要却没有的东西，由此带来了社会分工协作。交换，从此物与彼物交换，发展到用可切割衡量的可保存的金属为中介物进行交换，形成以货币为中介的交换，货币则从金属钱币到纸钱币，又发展到国家控制的信用数字，发展到类似于空气、水、阳光的一种生态，无处不渗透，渗透到每个人，每个人一生，每个人的行为。从人出生直到死亡，钱就像灵魂一样，永远伴随着。社会的协作，无处不用货币连接起来，名曰经济。因此，人的社会属性的本质至今还以经济属性占主导。政治经济学、市场经济学、宏观经济学、微观经济学、经济管理学、商业管理学等至今还是支配人类交换协作的主导智慧。交换，才有社会分工、社会行业、社会结构、集体、企业、国家以及人的个性化发展和多姿多彩的人生。至今，货币仍是人类交换最基本的机制。

虽然，交换是人类协作的基础形式，货币是人类交换最基本的机制，但是交换无法覆盖人类协作的全部。一方面，孩子、病残人、弱势群体没有交换物和交换能力，需要仁爱来支撑他们的生存、教育和医疗。另一方面，人性除了有善主导的正面，也有贪婪、邪恶、野蛮等动物性的负面，会破坏有序、和谐的社会协作，因此，需要强权对人性的负面进行制约。人性的负面不退化，就永远需要强权。因此，社会协作需要通过三个路径或空间来实现，一是市场交换，二是仁爱传递，三是权力强制（见图4）。未来社会本质是什么，看不清。人的社会性在于从家庭→家族→村庄和部落→国家→人类，一代一代通过协作，共融、共建、共享。因此，人的社会性和社会价值也体现在市场交换、仁爱传递、权力强制三个空间中。经济学作用于市场交换空间，情感学和一些宗教作用于仁爱传递空间，政治学作用于权力强制空

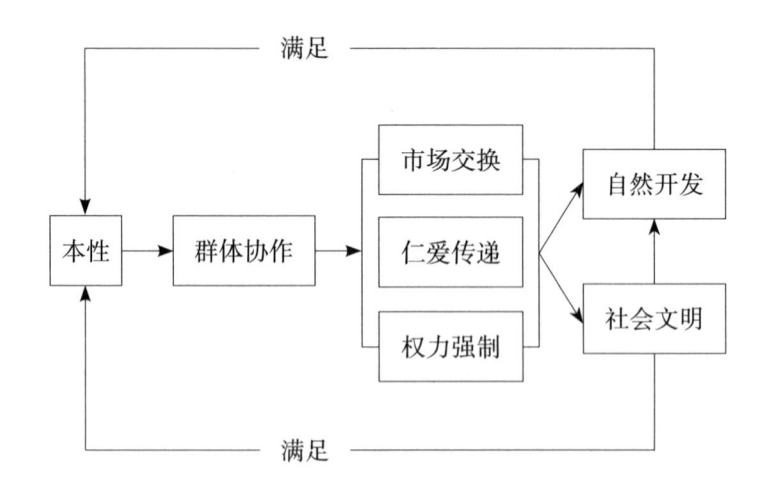

图4

间，三者之间相互联系，相互弥补、相互融合。一切否定金钱、否定仁爱、否定权力的认知都是片面的。例如，有人认为钱是有铜臭味的，爱是不能当饭吃的，权力是肮脏的，这都是对社会协作的无视，或吃不到葡萄嫌葡萄酸的心理作祟。

市场交换空间面临的问题：一是交换物的生产，有满足人基本需求和发展需求的，也有满足人恶性需求和惰性需求的，如一些违法行为可能很赚钱，也能激发赚钱的动机，这个问题比较好解决，可以通过教育引导和权力制约。二是交换是以货币为中心的，货币本来是可切割量化、可储存的交换中介物和信用物，可在发展过程中发生了演变，货币可以换取资源、地位、权力、生存质量、健康快乐，等等，国家之间用增发货币的手段来竞争，市场又衍生出摆脱交换物性质的货币游戏或金融产品。三是文化和科技的发展使交换难以衡量。农业社会和工业社会早期，商品的交换价值可以用劳动者的劳动时间和劳动量来衡量，现在一幅画可能比 10 万农民种的粮食更昂贵，一个科技发明，可能废掉一个产业，怎么交换？传统经济学面临挑战。

仁爱传递空间面临的问题：仁爱是血肉之躯的本能，是对人性的满足，又是社会协作的方式，但是如何最大程度地释放仁爱的能量？传统的文化相对滞后。两千年来的仁爱文化（儒、道、释文化）多是倡导个人向内修炼与向外的给予行为，一是没有系统地阐明对什么样的人和事给予帮助的判别智慧，因此，出现无分辨地给予和让步、好心办坏事甚至助纣为虐的行为；二是没有看到两千年后的市场经济机制和好的法律制度（如义务教育制度、最低保障制度、医疗保险等）比个人的给予行为更能满足人性需求或体现仁爱的效果，造成人们只求自我内心平静，以无为的境界放弃市场和权力空间的作为。这是仁爱文化滞后的表现。仁爱不仅是以个人善良行为救济几个穷人，更应是对人类命运的终极关怀。

权力强制空间面临的问题：原始的权力是靠个体的体能强大实现的，现在的权力是靠法律赋予来实现的。法律一方面是公众契约，公众自觉遵守；另一方面是强权，是对不遵守者的制约。问题是，几千年来人性对权力的追求以及利用权力体现个人意志的满足和价值的实现，与对权力本身的制约，一直在博弈。人性只要有贪婪、邪恶、野蛮，就必须要有强权的制约，但贪婪、邪恶、野蛮，也在角逐权力。还有一个很大的问题是国际社会中国家的权力运用，依靠军备武力和经济实力对他国干预，造成无休止的军备竞争，产生对整个人类的威胁。

（三）人的文化性

人因为具有"要明白"的本性，产生了对自身及其与外界关系的认知以及为满足人性需求的思考，形成了文化，文化又反过来引导和制约人的行为。特别是文化教育或文化洗脑，能够使人张扬或背离生物性和社会性。

在人的生存本性的基础上，产生相应的文化有：强者生存，弱肉强食，成王败寇，英雄崇拜，奥运精神，竞争和战争，适者生存，识时务者为俊杰，农业技术、饲养养殖技术、医学……

在人的延续本性基础上，产生相应的文化有：爱情文化、婚姻文化、家庭文化、生育文化、家谱文化、姓氏文化、宗族文化……

在人的自由自在的本性基础上，产生相应的文化有：自由、快乐、公平、和平、民主……20世纪西方把自由主义文化推向了最高政治文化。裴多菲的"生命诚可贵，爱情价更高，若为自由故，两者皆可抛"诗句被广泛推崇。

在人的"要明白"本性基础上，产生相应的文化有：哲学、社会学、自然科学……

在人的"要仁爱"本性基础上，产生相应的文化有：儒家文化、宗教文化；慈善文化、公益文化；情感文化，如亲情、爱情、手足情、友情、同情、感恩之情……

在人的"要发展"本性基础上，产生相应的文化有：教育学、成功学、科学技术……

在人的"要满意"本性基础上，产生相应的文化有：生活技术和生活产品，等级制度，政治学、管理学、法律学、军事学、权术……

在人的"要享乐"本性基础上，产生相应的文化有：生活技术和生活产品、建筑学、文学、艺术、游戏甚至毒品……人比动物享乐更高级，会制造快乐文化和方式，不断让自己享受快乐。例如，自然赋予人吃的快乐，是为了机体生存的，但人创造了饮食文化用来享乐，已经不仅仅是为了机体生存而吃，更多地是为了享乐而吃，中国有满汉全席、粤菜、川菜、鲁菜、淮扬菜、东北菜、浙江菜等菜系，国外也有各种美食做法，如美国快餐、法国大餐、印度香料，还有各种调味品等。自然赋予性快乐的本能，是用来创造生命，延续人类的，而人创造的性文化，用来享乐、养生、赋予美好爱情等。

在人的协作的社会属性基础上，产生相应文化有：道德伦理、市场经济、社会制度、慈善、法律法规、礼仪……

人类的行为逻辑，是以人性满足的快乐为动力，以认知的深化为指导，从个体行为到群体的协作行为，从体力的协作到分工的协作，带来人类整体能力的发展，促使人类走向了地球生命的顶端，并成为了地球的主宰。分工协作是人类超越一切生命能力根本所在，在协作的发展过程中构建了市场交换、仁爱传递、权力强制三种协作行为及其相应的领域，发展了文化（狭义）、科技、社会制度三种工具，满足人性的需求和解决人性的冲突。例如，文化满足人的仁爱和享乐的本性需求；科技满足了人对盘古神力、飞毛腿、透视眼、千里眼、顺风耳、土行孙、腾云驾雾、嫦娥奔月、神算、先知先觉等体能、感官、智能发展的想象欲望；制度满足了人的基本保障、协作保障、自由发展保障。人的社会价值是以市场交换、仁爱传递、权力强制三个领域的和谐为取向，实现道德文化、科学技术、社会制度的文明进步以及人类自身的进化。

幸福，必须以人的本性的满足为导向并与社会文明进步相统一。幸福，需要满足人的生存、性爱、自由、要明白、要仁爱、要满意、要发展、要享乐等属性，同时，解决个体与群体的关系，更好地协作，实现个体满足与群体满足的和谐。幸福的前提是对所有人的本性的最大满足，不能剥夺别人与自己同样的需求来满足自己，己所不欲勿施于人，一个人的满足不能建立在另一个人痛苦之上，一部分人的满足不能建立在另一部分人的痛苦之上，少部分人的满足不能建立在伤害多数人基础上，多数人的满足也不能建立在伤害少部分人基础之上，只有建立在共同善性的满足和共同恶性的抑制的基础之上。人的属性是生物基因上的社会人。人的生命存活是生物属性，人类的共存和延续是社会属性。人的生物属性，是为了生存而斗争；而人的社会属性，是为了共存而协作。人的对立是生物属性的反映，而人的协作则是真正的社会属性的反映。人性的进化，就是对生物属性恶的一面的抑制，对善的一面的发扬光大。但是，人类可悲的是还没有放弃过度防范、对立、斗争、伤害等生物属性，特别让人类困惑的是，先一步放弃恶性，往往被另一方恶性战胜，先一步文明的，往往被野蛮战胜，但是文明继续向前发展，似乎退一步进两步，犯了错了才更知道正确。所以，至今人类还在艰难的探索过程中。例如战争的根源到底是在哪里，怎样才能根除战争，人类至今也没有解决。

人类活动的最大主题，就是如何最大程度实现人性中个人意志满足与社会文明进步的和谐统一，这是一个可以无限接近但没有终点的过程。那些把自己的满足建立在别人痛苦之上的生物属性，必须在人类进化过程中被控制进而消退。社会教育、文化建设、法律和制度，在不断地提升和完善，都是在向这个目标前进（见图5）。

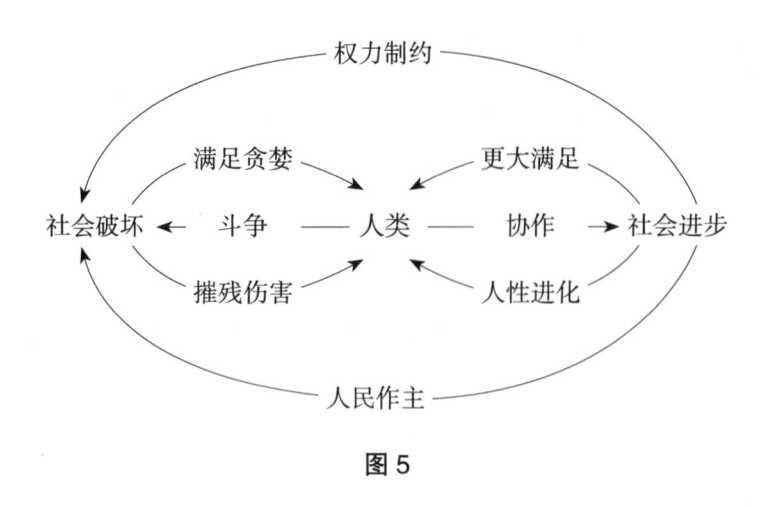

```
                    权力制约
          满足贪婪        更大满足
   社会破坏 ← 斗争 — 人类 — 协作 → 社会进步
          摧残伤害        人性进化
                    人民作主
```

图 5

　　所谓的社会道德伦理，就是要解决本性的满足和社会文明进步相统一，是对人的行为的社会性要求。最基本的道德是自我满足，不伤及他人；其次是己所不欲，勿施于人；高尚的道德是通过满足他人，得到自我满足。文明进步的社会应该用体制和机制充分实现大众本性的不断满足，又不伤害他人。道德是相互的交换、给予、满足、爱、节制和不伤害。背离本性满足与社会和谐、文明进步相统一的伦理，都是反人类的。历史上对自由、思想、发展以及性禁锢的文化和制度，都遭到了人性的抗争和冲击。

三、幸福，必须遵从支配天地运行的不可抗力

　　人类早就有认知，天地的运行受到不可抗力的支配，顺者昌，逆者亡。基督教认为是上帝的意志，佛教认为是因果报应，道教认为是自然之道，科学认为是客观规律。基督教、佛教、道

教都离不开善，惩恶扬善，维护人类共存和谐。科学更多地用在人类技术开发和使用上，对人类主题关注不够，研究还较肤浅。哲学对人的意义的关注，更多集中在对不可抗力的研究，这种力量决定着人从哪里来，人要做什么，人往何处去。不可抗力包括天人合一、阴阳和合、和谐、善良、有度、用进废退、适者生存、人往高处走、水往低处流等，这些将在本书第二章中专门探讨。

我在《健康向你走来》[①]一书中提出："生命在于运动、生命在于静止、生命在于动静结合，都是表象，生命在于和谐，才是生命存在的意义，才是生命健康发展所在。"我在2001年《健康向你走来》一书再版中提出："和谐，是贯穿于自然、社会、精神世界及至整个宇宙运行的内在取向和强制力，因此，也是圆融于各种教义和政治的内在取向和强制力，顺应、驾驭、创造和谐者昌，反其道者亡。人的生存意义，就在于进入和谐的境界，把握和处理各种和谐关系，为和谐做出的努力与贡献。""和谐，内容包括人与自然的和谐，人与人（社会）的和谐，人体内部的和谐（进与出的和谐、动与静的和谐、脑与体的和谐、体内组织之间的和谐等）。""和谐，代表着团结、和睦、平衡、有序，意味着安定、祥和、和平、协调，象征着和乐、幸福、健康、美满，标志着繁荣、发达、文明、进步。他既合天理，又合人欲；既属善，也属美，更属真。""正因为如此，和谐就成为古往今来人类普遍的理想和共同的目标，他过去是、现在是、将来仍然

[①] 牛飚.健康向你走来[M].南京：南京大学出版社，1997.

是全人类向往和追求的美好境界。对缺乏理性知识的人而言，和谐是感性的、朦胧的，是不自觉的感知和向往；对于有知识、有修养、有境界的人来说，则是理性的、高层次的自觉的理想和实践。"个人的健康、快乐、幸福，社会的小康、大同、太平天国、社会主义、共产主义、共同富裕，世界的和平共处、人类命运共同体的理念的核心取向都是和谐。但人类对和谐的认识还不够系统、不够完善、不够一致，因此在历史变化过程中常常出现偏离和谐中轴的轨迹和悲剧，有必要对和谐的认识再提升、再深化、再呐喊，成为一切行动的准则：一是要进一步解释或证明和谐为什么能制约万事万物的运行，这样才能自觉遵从和谐法则。二是要找出最佳和谐的状态特征，建立人与自然、人与社会、人体身心和谐的指标体系，这样才能有明确的任务可做，有评估标准校正我们的行为。三是要弄清构成人与自然、人与社会、人体身心和谐的要素，尤其要弄清从低层次的和谐跃迁到更高层次的和谐的条件，这样才能把握和谐的机制，挖掘和创造实现和谐的条件。四是弄清破坏和谐的因素，不断寻求、创造促进和谐和消除非和谐的方法，以及消除一切为实现和谐采用的非和谐手段（如战争）的"灵丹妙药"，这样才能帮助我们从根本上消除非和谐，走上真正的和谐道路。

从这个意义说，幸福存在于和谐中，包括个人身体、思想和行为的和谐境界，处理各种和谐关系的能力，为家庭、国家、人类和谐做出的努力、贡献。

四、提出一种幸福公式

幸福 = 基本保障 + 生活品质 + 健康长寿 + 持续快乐 + 社会意义 + 持续发展。幸福是基本保障和生活品质不断提升，加上持续健康快乐，加上社会价值体现和个人的持续发展。

幸福公式包含六大基石，其他各种幸福的说法，都应建立在此基础上。这个公式展开，至少包括 15 个方面内容。（见图 6）

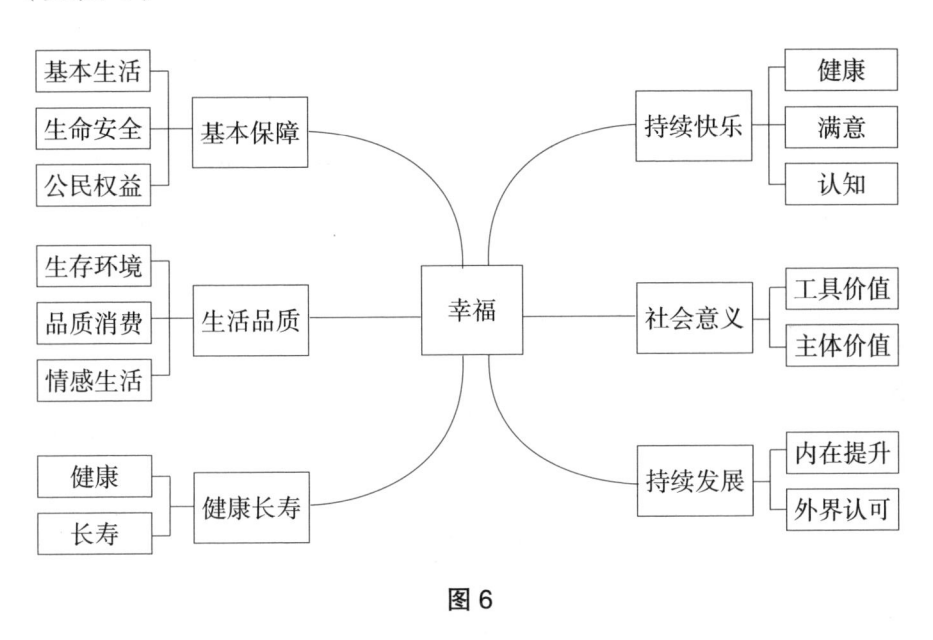

图 6

幸福的六大基石就是社会进步的目标，需要政府和个人一起创造：

1. 基本保障。包括基本生活保障、生命安全保障和公民权益保障。据说全世界还有 6 亿人处于饥饿状态，没有基本生活保障。还有些国家处于战争状态，没有生命安全保障，这是没有幸福可言的。基本保障需要世界和平、社会稳定、法制健全、治安良好、生态平衡、产品和服务安全、安全生产和工作等。

2.生活品质。包括生存环境、品质消费、情感生活。生存环境包括生活环境和工作环境，有四个方面，即自然环境（如空气、阳光、水、土壤等）、社会环境（如法制、治安、公平、公正、自由、社会服务、社会支持、社会风气、居民素养等）、文化环境（如影视、传媒、文化服务场所、图书馆、文化软装饰等）、技术物化环境（住房结构、家用电器、健康监测、软件应用、AI 应用等）。

品质消费包括科技文明产品消费（如汽车、高铁、飞机、网络、人工智能、人性化住宅建设等产品消费），促进健康的产品消费（如有机食品、健康功能性调养食品、健身用品、适老化用品、现代医疗技术和抗衰老技术等消费），先进文化和传统文化产品消费（如旅游旅居、琴棋书画、歌舞摄影、诗词文学、先进文化和艺术作品欣赏等消费），发展消费（如教育、学习、培训、读书、交流以及有利发展的学习机、人工智能产品的消费）。奢侈品、豪车、豪宅等消费不是生活品质，是虚荣心满足性消费，我不赞赏，也不反对。品质消费需要个人收入水平与经济发展、科技进步、文化创新相同步。品质消费提升的更高阶段是需要实现财富自由。

情感生活包括亲情、友情、爱情、恩情等。

3.健康长寿。包括健康和长寿，长寿不一定健康。需要医学进步，需要保健、医疗、康复体系的完善，需要健康教育的普及、健康环境的打造以及个人健康素养的提高。

4. 持续快乐。需要身体健康、个人意愿的满足和对幸福的正确认知。具体地说，除了健康外，还需要付出与获取的匹配、心理素质提高、文化兴趣被激活、认知能力提升等。个人意愿的满足，各人是不一样的，也不应该是一样的。有人喜欢艺术，有人喜欢文学；有人喜欢休闲，有人喜欢工作；有人喜欢清静，有人喜欢社交；有人喜欢读书，有人喜欢旅游；有人享受思想生活，有人享受情感生活……但其核心是都可以从中找到快乐。

5. 社会意义。包括人的工具价值和主体价值，人的社会意义就是以社会和谐发展为取向，即市场交换、仁爱传递、权力强制三个空间的和谐，实现道德文化、科学技术、法律制度的文明进步以及人类自身的进化。

6. 持续发展。包括内在提升和外界认可。内在提升，指需要个人不断学习进步，社会提供终身教育，身体功能、大脑功能延伸的科技产品的发展和应用。外界认可，指需要获得更好的舞台、角色和社会支持，才能做出更大的贡献。

幸福公式是社会经济发展和文明进步的取向。公式中基本保障、生活品质和健康长寿是普适的，有相同的衡量指标体系。多元文化的社会，包容多元幸福的理解，主要在后三项个人的社会意义追求、个人发展的差异和不同快乐取向上。有人把金钱和权力作为幸福的追求目标，有人把慈善公益作为追求的目标，只要有益于社会，都有存在的价值。金钱和权力是实现幸福的工具，是幸福的二级要素。金钱可以助力获得更好的基本保障、品质消费、健康寿命、社会意义实现和个人发展。权力可以助力更好地为民服务，体现更多的个人智慧和意志。但是，如果把金钱和权力作为生命的唯一幸福取向，则是本末倒置，金钱无法治愈所有的疾病，拥有权力却病痛缠身的国王依然没有健康的乞丐幸福。

五、倡导三种个性化的幸福理念

我身体力行并倡导三种幸福理念。

1. 幸福的最高境界，是攀登上人生事业的高峰、生命的高峰、思想境界的高峰。这样生活和工作才有方向。事业的高峰是个性化的，生命的高峰和思想境界的高峰是普适的。三个高峰与幸福公式的关系是，实现事业的高峰，自然伴随幸福公式中的基本保障、社会意义和个人发展的提升；实现生命的高峰，就是幸福公式中的健康长寿；实现思想境界的高峰，伴随懂得如何提升快乐和生活品质。在这三个维度上每天前进，哪怕前进一点点，就能获得幸福感，一旦后退就会失去幸福感。

2. 幸福的路径，是与合得来的人一起做喜欢做的事。合得来的人指有品德、有智慧、有包容、有正能量的人，喜欢做的事指有兴趣、有意义、可发展的事。人的本质是社会人，人的基本行为就是人与人的互动和协作，不在与人相处中快乐，就在与人相处中生气；不在与人相处中成功，就在与人相处中失败；不在与人相处中获得幸福，就在与人相处中感到悲哀。因此，与合得来的人一起做喜欢做的事，是人快乐的本源，尤其是与正能量的合得来的人在一起，本身就是一种快乐。什么叫正能量？就是给人希望，给人方向，给人力量，给人智慧，给人自信，给人快乐！

这样可以保证生活持续充实、快乐、进取、有意义，更好地实现幸福公式的内涵。爱情，就是男女合得来的人一起步入婚姻，组成家庭，创造幸福。

3.幸福的个性化，是实现自我命运意义的最大化。天生各人不相同，天生命运不一样，天生我材必有用。每个人都有自己的命运和各自存在的意义，进一步发现自己、开发自己、实现自己，不负今生今世。

这三种幸福理念是交融的，"三个高峰"是追求的方向和目标、"与合得来的人做喜欢做的事"是行动的路径，"自我命运意义的最大化"是实事求是地尊重个体差异和寻找个人的幸福空间，不同的幸福内容融于事业的高峰、喜欢做的事和自我命运中。

第四节　自我幸福度评估
——以往生活生命评估

回到本书开篇提出的问题：您感觉自己（或某人）生活幸福吗？请在以下选择"□"上打"√"：

□很幸福　□幸福　□一般　□说不清　□不幸福
□很不幸福

建议从四个方面来评估：一是个人幸福感受，二是个人健康状况，三是个人社会贡献和获取状况，四是人生任务履行情况。

一、个人幸福感受

自我评估自己走过的人生总体感觉：很幸福、较幸福、一般、说不清、不幸福、很不幸福。这是对生命阶段定性自我评估，是个人幸福的重要基础，是幸福的主观指标。如果给您最好的生活待遇（包括健康），您感觉不幸福，那您非愚即贪。如果给您最差的生活待遇（包括病痛），您感觉很幸福，那您也非蠢即傻。当今生产力强大、产品丰富多样、社会基本保障建立，更多的幸福要自己发现、把握和感受。

二、个人健康状况

健康是幸福的必要条件，没有健康就没幸福可言。健康的乞丐比受病痛折磨的国王更幸福。有人把健康比作1，把学历、职称、地位、财富、荣誉等每一项比作0，幸福等于1后面添加若干个0，幸福=10，或100，或1000，或10000，1后面添加的0越多，越幸福。但没有1就全是0，就是说没有健康就没有幸福。什么都可以拥有，但不能拥有病痛；什么都可以没有，但不能没有健康。富人有健康才能享受幸福，穷人有健康才能创造幸福。留得青山在，不怕没柴烧。您健康吗？您珍爱健康吗？您会健康吗？都是要每个人思考的问题。

三、个人社会贡献和获取状况

幸福如果没有社会指标、没有参照系，人类就没有前进方向，社会就没必要发展和进步。在按劳分配、论功行赏和重视人才的社会，社会获取相对反映社会贡献。幸福的社会指标，至少是可以反映生活质量的客观指标：

1. 受教育水平（学历）。

2. 工作职位。指所在的行业，干部级别、技术职称等。

3. 经济收入（元／年）。在社会中所处的位置。

4. 消费结构：

食品支出占消费支出比重（恩格尔系数）；洗衣机、电视、空调、电脑等家用电器使用（科技产品的享用）；移动智能终端应用（对互联网新生态的适应）；汽车占消费比重；固定消费与存款比重；文化和旅游占消费比重。

5. 家庭人均住房面积（平方米）。

6. 生活环境。

有人不喜欢学习使用现代科技产品，还自命清高。当今，互联网生态，如果连智能手机的基本功能都不会用，何来生活质量和幸福。曾经有一位80岁的处级退休的老人，对我说，活得长真好。他说过去压制他的一位领导虽然地位比他高，早早去世了，连彩电都没看过，如今自己智能手机玩得溜溜的，幸福感很强。

四、人生任务履行情况

1. 人生有五大任务：活着并活得更好、家庭责任、社会责任、愿望实现、自我完善（见图 7）。评价一下自己做得如何？

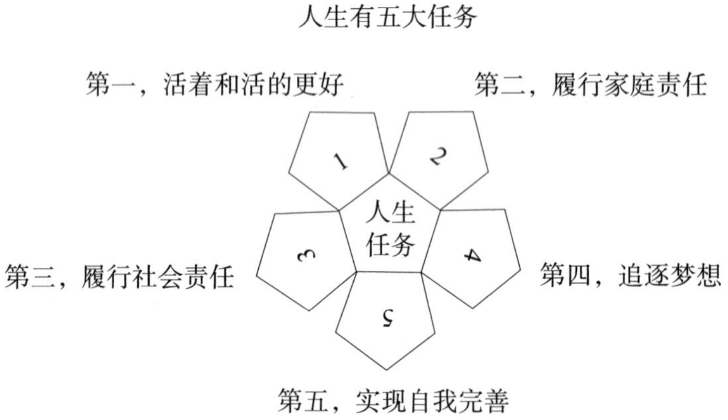
人生有五大任务
第一，活着和活的更好
第二，履行家庭责任
1
2
人生
任务
3
4
第三，履行社会责任
第四，追逐梦想
5
第五，实现自我完善

图 7

（1）活着并活得更好。这是所有生命的自然本性，一切对生命不尊重的学问、理论、观点，都是应予摒弃的。您活得健康吗、充实吗、快乐吗、有意义吗？

（2）家庭责任。这是每个人天经地义要履行的责任。人出生于家庭，受家庭养育，必须回报家庭；成人后又组成家庭，与家庭成员一起创造更好的家庭生活。您的父母因您的孝敬而增添福寿吗？您的子女因您的培养而成才成功吗？您的配偶因您的爱而快乐吗？

（3）社会责任。人依赖于社会而生存，在社会分工中相互依赖，每个人必须在社会分工中做出自己的贡献，回馈社会。您对社会的贡献是什么，贡献有多大？做教师，您就要培养优秀的学生。做官，您就要造福一方百姓。做科研，您就要推进科技进步。做企业，您就要生产优质产品、提供优质服务。不管别人说您什么，只要您做出了贡献，您就应感到欣慰。

（4）愿望实现。每个人都有自己追逐的梦想，或都有不同愿望并为之努力，造就了多姿多彩的世界。人生就是愿望附着于角色在舞台上的能力表演。您的愿望是什么，您的愿望大小，您的愿望实现了没有？

（5）自我完善。人类如果没有自我完善取向，必然生生世世循环往复。佛教讲轮回，只有追求觉悟，才能超越轮回。生物学讲获得性遗传，自身进步会遗传到基因中。每个人都应该追求自我思想、道德、人格和行为的完善，实现人性的进化和社会文明的进步。我们应羡慕和尊重那些思想境界和行为高尚的人，以他们为榜样超越他们，而不是以社会地位高和所谓成功人士为崇拜偶像。

2. 人生有三个阶段性任务：学习、工作、享受。

工业化社会人为地把人生分为学习、工作、享受三个阶段，每个阶段要侧重完成不同的任务。

（1）学习，集中在第一年龄，且贯穿于一生。您的学历、专业水平、知识结构以及对社会、对人生、对价值的认知如何？学历很重要，但知识结构和人文修养更重要。有的人学历高、文化低。只懂技术、只懂赚钱，没有文化，只是工作机器或赚钱机器。在阶级教育的社会，教育要把人变为阶级斗争的工具。在应试教育的社会，就是考出好成绩、考上好学校。学生像兔子一样被家长和老师赶着跑。您的考试成绩、所上学校和学历如何？您掌握的真正有用的知识有多少？

（2）工作，集中在第二年龄，也可以在第三年龄继续。我一个朋友把市场竞争中的人用动物比喻，如果，您不成为狼，就成为羊、狗。您是狼，还是被吃掉的羊，还是跟着别人跑的狗？虽然，这样比喻不甚妥当，但反映了市场竞争的残酷。您的工作是成功，还是失败，还是说不清楚？

（3）享乐，集中在第三年龄，且贯穿于一生。退休，是20世纪根据人的身体劳动能力随年龄变化而设定的。退休意味着安养和享乐晚年。现代社会人的体力已经不成为劳动生产力的核心，更多是靠脑力劳动。而退休后脑力能力还很强大。退休既是对人的强制性工作的解放，又是对人的原有工作岗位的剥夺。退休既可以享乐生活，又可以把工作当享乐，可以根据具体条件自由地选择做自己喜欢做的工作。

现代社会人们更加清楚地认识到学习、工作、享乐是交织在一起的，只是在不同时间段，三者时间分配多少的不同。您是怎么安排的？

3. 人生有三个高峰：事业的高峰，境界的高峰，生命的高峰（见图8）。

（1）事业的高峰。指社会贡献大小，其回报表现为职位、职称、名誉、财富等。社会对个人的回报与个人做出的贡献不一定是一致的，不能完全以社会回报作为衡量事业成功与否的标准。他人不认可您，您自己要正确评估自己，社会认可的，也要看您是否真的为社会做出了较大贡献。

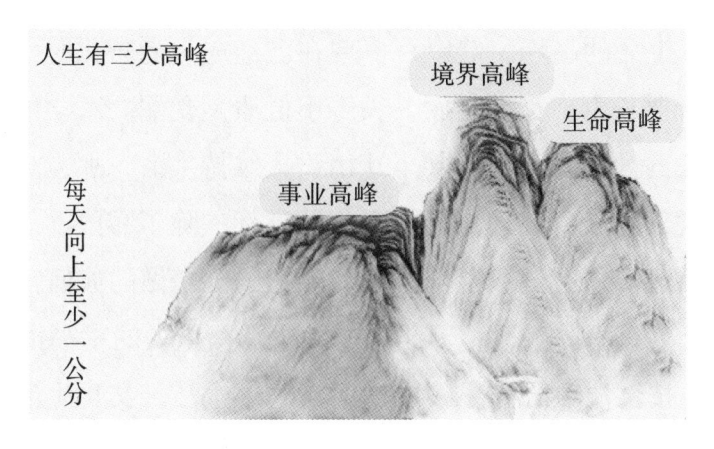

图 8

注：根据三个高峰攀登高度来评估

（2）境界的高峰。能够站在历史之上、社会之上、文化之上看透世间，看透人性，看透事件。拿得起，放得下，想得开。胜不骄，败不馁，遇险不惊，遇乱不慌。懂得个人与社会的关系，工作与享乐的关系、赚钱与花钱的关系。及时做该做的、有条件能做的事。就算面对死亡，也能泰然处之，内心不再有纠结，不再有波澜，保持平静和喜悦，因为知道万物的真相，明白万事的本质。孔子和而不同的观点，讲的就是做人要有自己的原则，在当官时认真当官，不能当官时，也可以做别的，比如教教学生。庄子提出和光同尘的观点，他虽与世间俗人同舞，但心中仍怀理性的光芒，这些都是值得我们学习的较高境界。作为一个有思想境界的人，生在特定的环境中，不能不入流，但应当清楚知道什么是错的，什么是对的，即使身不由己，也不要去推波助澜那些违背客观规律的事。所谓天下大事，匹夫有责，是您自己要知道怎么做。这体现了您的境界如何。

（3）生命的高峰。健康百岁现在已经成为老龄化时代追求的目标。既要长寿，又要健康，长寿不健康是受罪。医学能够让许多不健康的人延长寿命，甚至让植物人维持生命，那也是一种痛苦。实现健康长寿，才是人类真正的目标。除了靠医学外，更多地要靠自己。您有健康责任意识和能力吗？您做的如何？

4. 人生有不同生活，不能用一种生活衡量人的幸福指数。

（1）按性质可分为：物质生活，思想生活，文化生活，感情生活，性生活。有的人物质生活贫乏，但思想生活丰富，每天读书，或与一些文化层次高的朋友谈天说地。有的人文化生活丰富，如书法绘画达到了较高层次。有人情感生活丰富，说人生最大的幸福莫过于有一个知冷知暖的人与您携手一生，还有人说人生的幸福莫过于有真正懂你爱你的灵魂伴侣。此外，健康的适量的性生活也是衡量生活质量的一部分。

（2）按形式可分为：家庭生活、社会生活和个人文化生活。家庭生活包括养扶责任，天伦之乐、家务劳动、性与爱、相互帮助等，社会生活包括社会活动、人际交往、朋友知己等。有的人，社会生活丰富，朋友很多，还担任一些社会职务，每天做公益，帮助了许多人。个人文化生活是个人兴趣所好。

（3）按质量可分为：生存性生活（温饱），享受性生活（小康、小资），发展性生活（不断学习和走向完美）。改革开放前，大多数人处于求温饱状态，是生存性生活。现在，中国已经全面建成小康社会，还有一部分人过着更惬意的生活。有些人更是永远不停滞，选择适合自己的继续向高层次发展的生活。这就是不同的生活质量。

第五节　评估后的启迪

> **评估后的启迪**
> 一、生活总是比上不足比下有余。
> 思考：自己处于上中下什么水平？
> 二、生活总是有得必有失。
> 思考：得到了什么和失去了什么？
> 三、生活中还有很多幸福可以创造。
> 思考：自己还需要努力追求什么？
> 四、一切经历和积累都是财富。
> 思考：哪些财富要继续盘活？

如果按以上的评估方法，对自己已走过的人生路做一个系统的评估，会形成以下评估结果。

一、生活总是比上不足比下有余

对自我幸福评估后，您会发现各个维度上的各项内容，您似乎都没有达到最高，如在社会获取维度上，知名大学博士毕业、省部级领导、高级教授、全国明星、拥有亿万资产等，您都没达到，但您也不差（就是差，也还有比您更差的）。大多数的人都是比上不足，比下有余，您可以评估自己处于什么水平，偏高、中间、还是偏低。也可以进一步思考有无可能在某个维度上再提升一些。

二、生活总是有得必有失

对自我幸福评估后，您会发现您在某个方面获得的多，必然在另一个方面获得的少。您要通过评估，知道自己失去了什么，得到了什么。对一部分总觉得自己不幸的人而言，不要身在福中不知福。对因失去的而感到非常不幸的人而言，您拥有的恰恰是另一些人所羡慕的。对另一部分因获得而沾沾自喜很满足的人而言，可能您失去了很多本应享受的更多的幸福。幸福的内容是有权重的，一般来说，生活保障第一位，身体健康第二位，社会价值第三位，精神快乐第四位，自身发展第五位，生活品质第六位。有人是亿万富豪，物质生活很好，但生命走到一半就去世了。有的高官，社会地位很高，因腐败坐牢，中途坠落了。有的公众人物名望很高，情感和家庭生活却一塌糊涂。当然，对个人而言，三观不同，自身基本情况不一样，可以自行对幸福内容的主次进行排序。建议进一步思考失去的有无可能再弥补。

三、生活中还有更多幸福可以创造

生命评估的目的，是为了今后进一步提升幸福指数。如果，物质条件很好，但身体很差，那今后就要把获得幸福的取向重点放在养生保健上。如果，因为工作，对家庭得关怀不够，那今后幸福的重点要放在对家庭的关爱上。如果，身体健康，但事业还不够满意，那今后要努力学习和工作，在事业上更上一层楼。

　　创造幸福有两条途径：一是自我发现幸福。幸福的第一要素，是幸福的心态。要学习幸福知识，善于发现自己的幸福，才能保持幸福的心态。幸福并不完全取决于我们得到什么或身处何种境地，还取决于我们选择用什么样的视角去看待生活。对同样生活条件的人来说，他们认定自己比别人幸福，就会感受到幸福。有些人无论生活条件有多好，还是感觉不到幸福，是可悲的。不同的头脑，对同一个世界的认识可能是地狱，也可能是天堂。幸福是内外因素结合的产物。因此，学习幸福知识，是实现幸福的一条重要路径。但是，要提防自我欺骗，自我麻醉。正确的幸福观，才是发现幸福的法宝。二是在攀登中获得幸福。人往高处走，水往低处流，是人和自然的本性。顺其所为，寻着正确的幸福方向，保持正能量，每天攀登，必然收获幸福感。挖掘本能中爱心、善心、审美心、快乐心的力量，保持安全、健康、快乐准则，朝着事业、境界、生命三个高峰攀登，必然会感受到进取的幸福、过程的幸福和目标达成的幸福。

四、一切经历和积累都是财富

　　只要是人生走过的路程，总会有学识、标识、财富、健康、人脉、砺炼的经历和积累。一切经历和积累，都是您接下来人生的财富，就看您是否总结和利用。

学识，并不是指有多高学历，也不完全决定于您读过书的多少，更重要的是总结和思考，读懂身边发生过的事，读懂身边遇到过的人，读懂您的成败。否则，失败了还要失败，而过去的成功也可能会变为未来失败的原因。

标识，是个人的社会光环和别人对您的认知。标识包括您获得的学历、学位、职称、职位、荣誉、业绩，以及您在别心目中的人品、能力和地位等，也就是现在网络热词"人设"。您的光环和人设，决定别人与您互动的行为。别人认为您是君子，会尊重您；别人认为您是小人，会远离您；别人认为您有智慧，会认真听您说话；别人认为您愚蠢，会对您的话不屑一顾。

财富，是享乐和投资的本钱。您的银行储蓄、房产、买的保险、股票等都是有形财富；您的学识、标识、人脉、健康、砺炼等都是无形财富。

健康，是幸福的第一本钱。如果吃了许多的苦，您还能保持健康的身体，应感到欣慰；如果您的身体健康有某些问题，一定是提醒自己做一些改变和反思。

人脉，是个人社会协作的资源。如果您拥有许多志同道合的朋友，能持续在一起做共同喜欢的事，将会带来更多的幸福。如果您有许多有资源又认同您的朋友，就能帮助您成就更多的事业，也是您重要的价值体现。有人虽结识了很多人，但别人不认同他，这种人脉再多，也没有意义，还会有反作用。

砺炼，是曾经的经历对自己的锻造。不要为自己吃过比别人更多的苦，或经历过更多的失败而感到不平衡或悲哀，这也许是命运对自己的关爱，不管怎么样，只要走过了别人不一定能走过来的路，都值得为自己点赞。苦难经历给予自己更多的是心灵打磨，将其视为别人所没有的经历而欣慰，会让您以后遇到任何风吹浪打，都能胜似闲庭信步。

人生的这六个方面的积累达到一定厚度，不是您找机遇，而是机遇找您，您的成功，您的幸福，山也挡不住，水也挡不住。

第二章　幸福有道

——生命循证·人生要活得更明白

前文分享了何谓幸福，想必您也提升了对幸福的认知。但是，为什么有人幸福，有人不幸福，以及幸福的程度也各有不同，人要活得明白，纯纯净净地来，清清楚楚地走，至少有"要明白"的动机和思考，享受人生认知提升本身带来的幸福。本章主要分析幸福与不幸福的产生原因，并提出一些理论假设，助您以其指导今后的生活，找到进一步提升幸福的大门和路径。

第一节　幸福与否的推理

幸福的实现，一是靠外求，二是靠内修。幸福公式中的基本保障、生活品质、社会意义、个人发展主要靠外求来实现，通过社会进步、个人努力，取得社会意义上的事业成功，相应带来基本保障、生活品质、自身发展的提高，即所谓成功，它既是个人愿望的满足，又是一种社会评价或社会认可。而持续快乐和健康长寿主要靠内修来实现。因此，成功、快乐、健康长寿常被人们看作是幸福的标志，而失败、悲伤、病痛早逝被看作是不幸福的标志。怎样才能成功，各有各的说法，并提出成功学。怎样才能保持快乐，方法也很多，有些还被上升到宗教层面。怎样才能健康长寿，科学占据主导话语权，但现今进入到难以推进生命提升的拐点。因此，需要继续探讨和实践。

成功与失败、快乐与悲伤、健康长寿和病痛早逝，这都是结果，结果是怎么产生的？一种观点，认为是自己的行为造成的，有什么行为就有什么结果；另一种观点，认为是命运决定的，或命中注定的（见图9）。

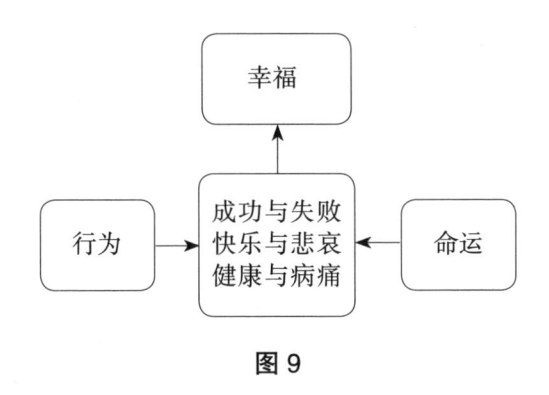

图 9

一、决定幸福的行为是怎么产生的

一切成功与失败、快乐与悲哀、健康与疾病都是个人行为的结果，包括偶然的重要行为和长期的习惯行为（个性）。换句话说，幸福是自己努力创造的，不幸福也是自己铸成的。有人努力学习、品行高尚、自我保健，有人不学无术、品行低下、花天酒地，当然结果不一样。

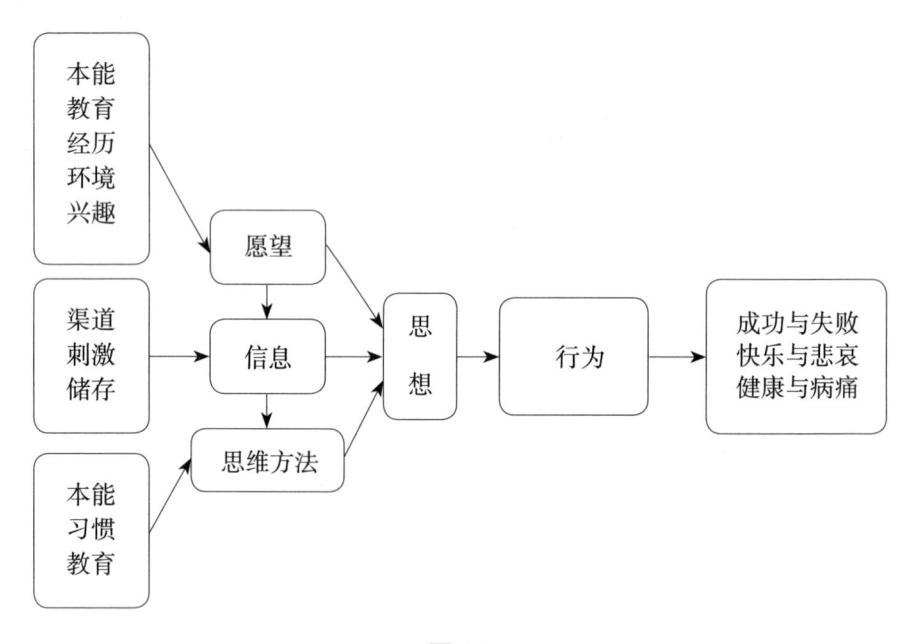

图 10

那么，行为是怎么产生的？它来自个人的思想，有所想，才有所为，思想支配行为。思想又是怎么产生的？它来自愿望、信息和思维方法（见图10）。愿望决定思想要什么，信息决定思想的材料，思维方法决定怎么思想。假设思想是一座楼房，愿望是对楼房建设的高低和功用要求，信息是楼房的材料，思维方法是楼房的设计。

关于愿望与思想的关系，有赚钱的愿望才有赚钱的想法，有当官的愿望才有当官的想法，有出名的愿望才有争夺名誉的想法，有发明创造的愿望才有发明创造的想法，有做善事的愿望才有做善事的想法……反之，没有相应的愿望，就不会产生相应的想法。对于没有经过思维方法训练的人，愿望往往决定思想的结论，结论先于思想。愿望又是怎么产生的？来自本能、教育、经历、环境和兴趣。

关于本能与愿望关系，本能的愿望与生俱来，饥饿了产生吃饭的愿望，性激素高了产生对异性的愿望，生病了产生健康的愿望，内急了产生找厕所的愿望，困了产生睡觉的愿望。

关于教育与愿望的关系，教育可以让您产生理想、履行社会责任、建立文化兴趣、宗教信仰等诸多愿望。所以，教育的第一责任是让受教育者树立正确的愿望体系。像中国梦、美国梦，是政府教育公民树立国家发展的远大理想。

关于经历与愿望的关系，不同经历的人会产生不同的愿望内容及其愿望强度，经历过贫穷的人对赚钱和守财的愿望，可能比从小到大都不缺钱的人更强烈。经历过病痛折磨的人对健康的愿望，可能比从不生病的人更强烈。

关于兴趣与愿望的关系，兴趣能够引起生理兴奋和快乐，更能产生愿望。

关于信息与思想的关系，思想的基础加工材料是信息，换句话说，思想就是信息加工处理过的产物。大脑信息从哪里来的？来自外界不断输入刺激、自己有选择地接收并储存。关于外界信息输入刺激，信息狭窄，偏听偏信，信息不对称，常常是思想决策失误的重要原因，信息多次强刺激比弱刺激更能影响思想的结论。俗话说假话说千遍当真话了。年年讲、月月讲、天天讲，虽不想听，但也占据了大脑空间，原来不重视的，也会重视了。关于有选择地接收信息，为什么相同生活环境的两个人或同处信息海洋某个位置的两个人，各人获得的信息不一样？我们每天走在路上，有成千上万个信息刺激您，您接收到的只是与您本能和愿望有关以及特别强的刺激信息。来自愿望有关的信息最多，有什么愿望就会有选择地接收相应的信息。

我家曾经在做室内装修时，装修工让我到附近装修店买点材料，我说附近没有装修店，装修工告诉我在什么位置，我去后，看到果然有装修店，实际上我每天上班，都路过这个门店，但是我从未发现和记得这个门店，因为彼时我没有做装修的愿望。同样，有赚钱愿望的人会接收赚钱的相关信息（股市信息对不炒股票的人是耳边风），有当官愿望的人会接收当官的相关信息（许多底层老百姓会说不出省长市长县长名字），有健康愿望的人会接收健康的相关信息（讲预防为主，没几个人能真听进去，都是病了找好医生）。

关于思维方法与思想的关系，思想的形成是思维方法处理信息的产物，计算机表述为算法，低级的、高级的不同的思维方法或算法，处理信息后的结果是不一样的。现今西方医学难以治愈很多疾病，主要是思维方法还停留在统计学的基础上，而中医的思维方法很可能将推动现代医学的突破。个人的思维方法，一是来自本能，二是来自习惯定式，三是来自后天的教学训练，四是受到所接收的思维方法潜移默化的影响。综上推导，要想获得幸福，或改变人生的状况，关键是从树立愿望、拓宽信息渠道、增加知识信息、运用科学的思维方法上下功夫。审视成功与失败、快乐与悲哀、健康与病痛，要从以上的逻辑过程来进行分析，才能找到逻辑关系。

二、决定幸福的命运是怎么产生的

世间流行一句俗话：生死有命，富贵在天。不少人把自己的不幸归结于命运注定。成功人士多不信命运，失败人士多以命运自我释怀。国外基督徒把世界归结为由上帝决定的，牛顿想上帝支配世界，上帝应该用某个法宝来支配世界，我掌握了上帝的法宝，我也能支配世界。所以，牛顿成为了科学巨星。如果我们认为，一切成功与失败、快乐与悲哀、健康与病痛都是命中注定的，我们借用牛顿的思维，那也应该弄清命运是怎么决定的，如果弄清了，就可以把握命运和改变命运。

常见命运好的人，出生条件好，有贵人相助，有资金支持，有好的机遇（见图11）。我们来分析命运好的人有几种什么情况？

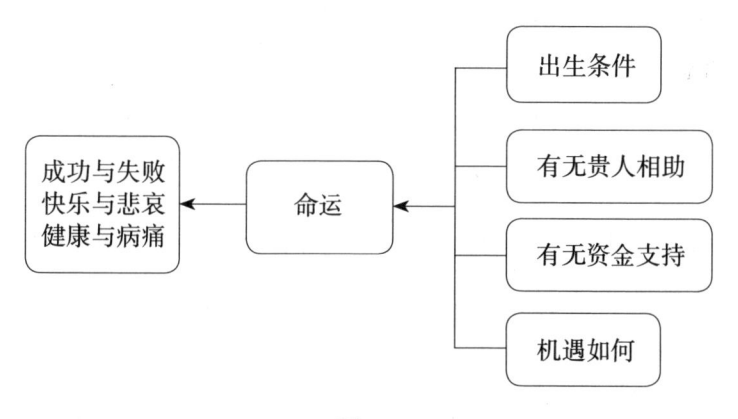

图 11

第一种，当官。中国人以升官发财为好命，升官发财也是一个常用的美好祝词。中国历史剧中，当官是有高官培养、提名、提携的，这叫命中贵人相助。实际上，高官不会凭空相助的，他为什么会相助呢？一定是您的德或能被看中了，或您的长辈与他有情有恩。所以，并不是命中注定，是因为您的德或能，或由于您的长辈乐于帮助人决定的。

第二种，赚钱。命好的人遇上有人愿意投资，有人愿意借钱给他，创业发了大财，命差的人没遇上。实际上，投资人也不会凭空投资的，他一定是看中了项目和操作项目者的德能。

第三种，爱情。美好的爱情绝不是一个人可以建立的，命中有美好的爱情，一定是您具备乐于付出、不计较回报、懂得感恩、有责任心、性格温和、事业有成等实现美好爱情的要素，磁场相同的人会彼此吸引，并发生共振。如果您斤斤计较，性格暴躁，无责任心，对别人的付出无感恩之心，再好的人在您身边也不会有美好的爱情。有些爱情不顺的人，自己认为是命运不好，在外人看来，都是某方面有缺憾的人，如要求不切实际，错失良机；或自己有短处，不被别人选择；或自己辨别能力差，选择错误；或自己的行为错误，造成不可挽回的伤害。这些其实都与命运没有关系。

第四种，生死。曾经在重庆发生过一起公交车开进江里、全车人淹死的恶性事件。难道是全车人命中注定的悲剧吗？从后来调出的监控看，是一名女乘客坐过了车站，要求驾驶员停车，驾驶员按规定不能停车，这名女乘客用手机砸驾驶员头，抢驾驶员方向盘，导致车掉进了江里。从 10 点 32 分 20 秒到 10 点 38 分

45秒，6分钟多的时间，车甩来甩去，驾驶员没有踩刹车，居然也没有一个乘客出来制止这种行为，看手机的看手机，看热闹的看热闹。第一，这位女乘客缺乏公德心，自己乘过站了，应自己承担后果，多一站下车又会怎样！第二，驾驶员缺少最基本的生命关爱意识，为了全车人的安全，他应该立即刹车停车，他却未停！第三，全车乘客缺少基本社会公德意识，没有一人出来制止，难道自己的死不与自己的所为有关吗！第四，为什么会有这三种人，难道教育没有责任吗？与命何关！教育出了问题、居民素质出了问题，女乘客、驾驶员、乘客其中一方做好了，就不会有这种悲剧发生。

第五种，我的经历。我年轻时在一个不知名的小县城的乡下卫生院工作，有一次投稿自费参加一个省里研讨会，会上我要求发言，被一位省局领导看中，后把我调到省老龄委员会工作，让我一生工作很有成就感，为老年群体做出了较大的贡献，自己也生活无忧。可以说我的成就源于贵人相助。所以，我40年不忘感恩我的贵人，年年要去看望我的贵人。但是，这位贵人天天接触人，为什么会看中萍水相逢的我？可能是我的特质，被他看中了，这归功于我母亲从小就教导我不要做一个可有可无的人，我一直努力做有用的人。我也做过别人命中的贵人，有一天，我在市民广场开会，坐在主席台上，会刚结束，有位老人上来问我认不认识她，我一时没认出来，她提示我女儿小时的幼儿园，我才想起她过去是我女儿幼儿园的临时勤杂工。当年经常帮助我接送女儿，我要给她钱，她坚决不要，说只是顺带帮个忙，我一直很感激她。我问她现在生活怎样，她说女儿年龄大了，多年找不到稳定的工作。我一想正好我主管的单位有一个岗位，适合她女儿，就把她女儿招进来了，她们母女很满意，我也就成了她女儿的命中贵人了。她是一个文化程度不高的幼儿园勤杂工，绝对没有那么高水平认为当初一个普通青年人，会在未来有能力安排她女儿工作而早做布局，是她的善良和乐于助人给她女儿带来的好运。

第六种，健康。同样是喝酒吸烟，有人早早患癌去世，有人活到百岁，也许又会说命中注定。其实，喝酒吸烟，有体质差异，有量的把控，而造成健康问题的还有家庭、环境、经历、行为等各种因素差异化的叠加。如果对自己有足够清醒的认知，知道自己对烟酒的适应能力很差，主动少吸烟，少喝酒，就可以降低患病风险。我有一位熟人，相信玄学，相信寿命是命中注定的，她父亲肺炎，坚持不送医院治疗，后来去世了。其实，治疗肺炎的医疗技术很成熟，她父亲是个离休干部，医疗待遇很好，她不相信医学，而要"认命"。仔细分析，许多人认为命中注定的坏事，都是自己没有认知能力和正确的把控。许多命中注定的好事，其实是自己努力和修养的必然结果。

有没有命运？命和运是两个概念，命是自己无法改变的，如出生家庭、出生时间（八字）、出生地点、性别、长相、基因等。人天生不平等，出生于条件差的家庭的人，更会加倍努力，而出生条件好的家庭的人，很容易不努力。长相差的人会有更多的时间学习，长相好的人异性干扰可能更多。其实，看您怎么理解、怎样作为。运是机遇，当各种要素在某一时点对接，就会发生某种事情，或好事或坏事。同样一个机遇，对不同的人而言可能是好运，也可能不是好运，这要看个人条件和资源与这个机遇是否匹配。譬如，您具备好的项目和德能，遇上投资人就成功了。而另一个人不具备好的项目和德能，天天遇上投资人，也不能成功。如果，一个不注重保健、抵抗力差的人，遇上某种传染病流行很可能丧失了生命，而另一个注重保健、抵抗力强的人，很可能不受影响，这些都不能说是命中注定，而是个人行为决定的。真正理智地相信命运的人，就是要发现影响事物变化的要素，特别是个人所具备的条件和资源，抓住成功的机遇和避开有害的厄运。巴斯德说"机遇偏爱有准备的头脑"，我说机遇是可以创造的，运气也是可以创造的。

《了凡四训》中讲到明代有个叫袁了凡的人，自幼丧父，母亲命他学医，后来他遇见一位自称孔先生的人，预测他有当官的命，某年应当考第几名，某年当廪生，某年当贡生，某年当县令，在五十三岁这年八月十四日寿终。他放弃了学医，走上仕途。一开始袁了凡不太信，巧合的是此后二十年都十分精确地应验了。让他从此笃信宿命论，没有了上进心。直到遇到了云谷禅师，二人彻夜长谈，幡然醒悟，人生信念自此发生了根本改变，相信命运掌握在自己手中，而不是听命于天，关键在于自身修为，消除恶念，努力善行，后来的努力，改变了孔先生对他的预测，不仅事业家庭有更大发展，还活到了七十四岁。他留下的《了凡四训》被许多人推崇。我想，孔先生算命之准归因于以下几点：一是他见多识广，二是了解袁了凡当时拥有的条件、智力、性格和身体状况，三是熟知官场运行特点，从而作出预测。因此，基本上能够应验。同时，也与袁了凡相信后，自身产生心理暗示作用有关，甚至可能与量子缠绕有关，这也有待未来科学解释。至于某年某月某日寿终的预测，纯属故弄玄虚，如果真信了，会产生很大的心理暗示作用，即便到时不死，他的身体很有可能也会出问题。当袁了凡不信命了，改变了自身，命运也发生了改变。

命运，在佛教看来是因果报应，科学认为来自基因、环境、教育、个人努力等多种因素。这些都是有可能算出来的，关键需要个人相应的信息数据和较高的算法。总之，只要改变因，驾驭因果机制，就会改变果。但改变不是无限的，不能超越基本条件。当然还有一种情况，那就是偶然性，如天上掉下个陨石砸到某个人家了，个人是难以预测和不可把握的。买彩票中了几千万元大奖，那是几千万分之一可能性，这种情况极少，遇上谁是谁，绝不是共性，对大多数人而言没有任何意义。还有，地震、洪水、疫情等天灾，也不是个人能把控的。2020—2022年疫情，有许多人失业、破产、丧命，看似是命中遇上天灾，但其中也有个人能力不够、抵抗力差或个人没有积极主动做好保护措施等因素。因为这一阶段也有许多人获得了发展。天下大事，人人有责，今天流行的癌症、中风、心脏病等疾病，又何尝不是与众人的行为没有很好地维护生态和社会的和谐而致的？

再讲一个我身边人的故事。我孩子外公，有一次在战场上，一个炮弹飞来，他的警卫员把他扑倒在地，自己牺牲了。孩子外公总是说自己命大，命中注定要长寿，活到了96岁。其实，我了解孩子外公是个很善良的人，乐于帮助别人，一生帮助过许多人，其中有一个四川贫穷乡村的兵，孩子外公为了让他脱贫，让他学开车，帮他找工作，又把自己外甥女的女儿嫁给他。他很努力，创业成功，产业超过亿元。联想到当初在战场上的警卫员为他牺牲了，一定是他很关爱这个警卫员，这个警卫员也很爱他，并不是孩子外公命大，而是他的品德和对人关爱结成的果。唐代药王孙思邈活到102岁（也有说活到141岁），他早就说过"寿夭休论命，修行在各人"。综上，我认为除了出生时的条件是命中注定的，其他都不是命。

第二节　生命轨迹定律

我提出的生命轨迹定律（见图12），是指一个人生命运行到哪个点上，是由个体、知行、环境、不可抗力四要素综合作用的结果。就是说，一个人走在哪条道上，走得多远，走得如何，是由个体、环境、知行、不可抗力四大要素的综合作用决定的。如果您想改变生命的轨迹，就要在这四大要素的改变上下功夫。

生命轨迹定律：

生命轨迹 = 个体 + 知行 + 环境 + 不可抗力

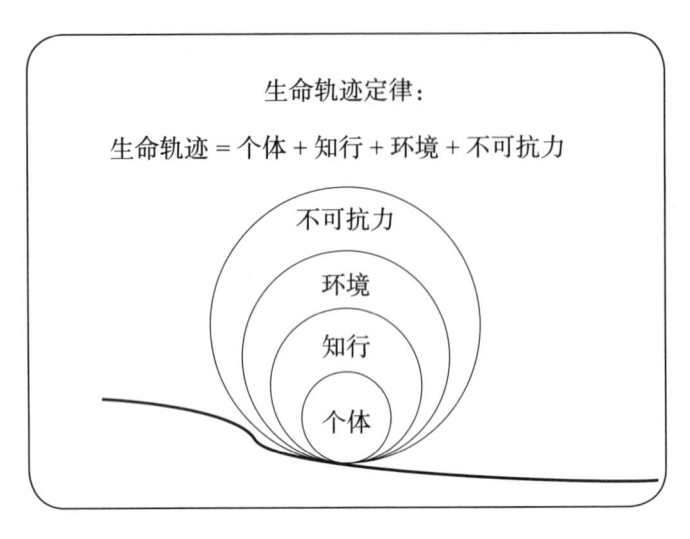

图 12

一、个体

　　个体，指每个人的特点，人与人不一样，有性别、身高、相貌、性格、智商、体能承载力、体质、疾病概率甚至少数人生命长短等先天差异，也有文化修养、知识、经验、反射定式、身体损伤、疾病等后天形成的差异，以及由此导致每个人的承受能力、适应能力、自我修复能力、抗病能力、学习能力、创造能力等差异。有的人像一辆载重十吨的车，有的人像一辆载重两吨的车；有的人身体曾经有过硬伤，有的人从来没有大的损伤。同样大量地吸烟、喝酒、有心理压力、受环境污染影响等负载，一个早早逝去，一个健康无虞。世界卫生组织宣传吸烟喝酒有害健康，有人以吸烟喝酒的长寿老人为例，不认可世界卫生组织的宣传。我曾经组织过江苏省一项高龄老年人调查，有三分之一的百岁老年人有吸烟和喝酒的习惯，而且吸烟喝酒的高龄老年人智商还比不吸烟喝酒的老人高。是不是吸烟喝酒有利健康长寿？为什么有人吸烟喝酒，却得了肺癌和肝癌，早早离世了？我专门写了一篇论文发表在《中国人口科学》杂志上，里面阐述了这主要是由个体差异决定的，凡是对烟和酒代谢或适应能力强的人，说明肺和肝功能强大，具有长寿的本钱，而不是吸烟和喝酒能够长寿。

个体由四个要素决定（见图13），一是身体，包括性别、身高、相貌、体能承载力、体质、五脏六腑功能等，有先天的基因的基础和后天的保养与损伤的影响。二是心理，包括认知、情感、个性、智商等，有先天的遗传，也有后天的修养。三是学识，包括专业知识积累、经验积累、处理问题的能力等，这是后天个人学习和思考形成的。四是灵魂，那些我们用身体、心理、学识都说不清的对个人影响力大的因素，先把它装在灵魂的概念中，等我们弄清楚了再把它拿出来。

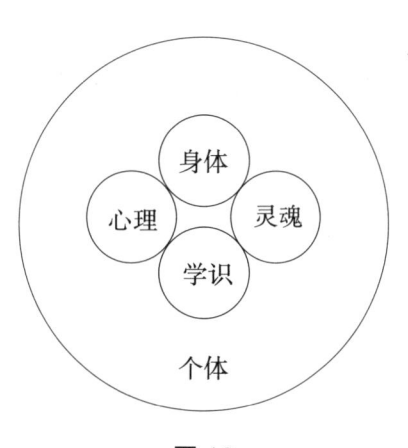

图 13

有学者认为灵魂是支配人认知和行为的潜意识，这种潜意识有来自先天的影响，也有来自后天的影响。有一种对灵魂的假说：当您闭上眼睛用意识看您自己时，您看到了谁，谁就是您的灵魂组成部分。如果您看到了您母亲，说明您母亲对您潜意识影响很大，您的思维方式和处理问题的行为都会类似于您母亲。一个人闭上眼睛看自己最多可看到 36 个人，这 36 个人的思维都会对这个人的潜意识处理问题有影响。我曾经试着闭上眼睛看自己，看到的都是外国人，因为我从小在图书馆看了许多外国小说。读完一本小说，不仅仅是看了书中写了什么内容，更重要的是这个作家思维和情感潜移默化地成为读者的潜意识，变成读者灵魂的一部分。所以，在我孩子成长早期，我不让他完整地读 20 世纪的世界名著，只让她了解这些名著写了什么，我怕孩子在思想还未成熟时，那些作者的思想铸就了她的灵魂，与这个时代不合拍。

正因为人天生有差异和不平等，为防止人像动物界那样弱肉强食，人类社会要追求实现人的基本生存、自由、发展、享受权益的平等并用法律来维护。"人人生而平等"的名言是社会基本权益平等，不能混淆用在人的个体差异上，我们要承认，人天生不平等，弱势的人，更要加倍努力。

二、知行

知是认知或思维，行是行动，知行指每个人相对定型的认知和行为，是个体之间的后天差异，这是决定生命轨迹最活跃、最积极、最能够自我把握的要素。对某件事的认知（思维）产生行动，行动产生结果，或认知+行动=结果。道路的选择、正确与错误、成功与失败、健康与病痛等都离不开自我的认知和行为。我们常说有些人死于无知，有些人死于行为的失控，就是这个逻辑。

认知，包括人的世界观、人生观、价值观、愿望、思维方法、知识结构、自我认识等。认识到行为之间是有很大距离的。例如，我们许多人天天谈保健，具备保健知识，但是难坚持保健。许多人知道晚睡觉不好，但是做不到早睡觉。特别是减肥的人，知道要多动少吃，但是就是控制不住多吃懒动。政府公务员都知道行贿受贿违法，但还是有公务员腐败。

知行决定人生方向和道路。人活着，是为自己，还是为他人；是为家庭，还是为社会；是损人利己，还是通过造福别人再利己；是自我主导事业发展，还是随波逐流；是融入社会，还是封闭在某个空间；是担当责任，还是推卸责任；是违纪违法，还是遵纪守法；是尊重社会主流意识，还是我行我素；是超前，还是从众，等等。方向和道路不同，生命的轨迹不同。珍爱生命的人可能更关心自己的生命质量和健康长寿，不珍爱生命的人可能忽略自己的身体健康，后果是不一样的。一个有大德大爱的人，一定是更有智慧和善果的人，因为他的愿望、思维、学习和行动以及最终产生的结果，定是吻合社会需要、社会回报和社会赞美标准的。

三、环境

环境，指个体施展认知和行为所处于的时空，宏观讲包括自然环境、社会环境、文化环境、技术物化环境，具体讲包括生活和工作环境。例如，自然环境污染缩短生命轨迹，技术物化环境进步延长生命轨迹。

好的环境有四个方面要求（见图14）。

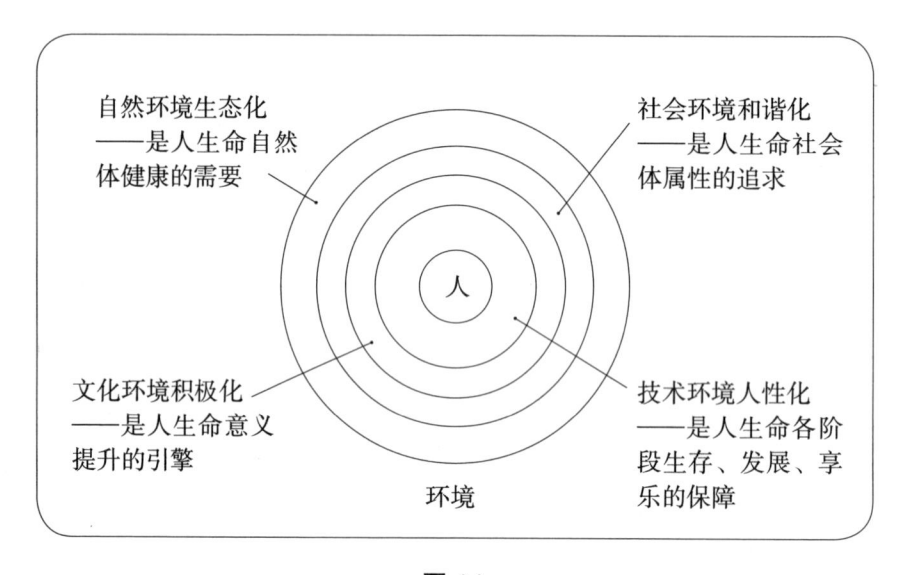

图 14

（一）自然环境要生态化

自然环境包括阳光、空气、水、土、气候（风、寒、暑、湿、燥、热），以及生长的植物和动物。目前，自然环境受到严重破坏，过去不是问题的优质阳光、空气、水、土壤，现在需用钱换取。现在环境面临的主要问题是，空气污染、雾霾、空气中氧和二氧化碳比例发生变化，热量排放超过热量吸收，气温升高，水质污染，土壤污染和板化以及生态链破坏等。

世界上有六大长寿地区，其中五个长寿区自然环境都有共同之处：山清水秀、阳光灿烂、氧气充足及负氧离子高、植物茂盛等。现在，环境污染已经成为叠加于病原微生物、非科学生活方式、不良心理、衰老四大致病因素之后的第五大致病因素。因此，自然环境选择和保护显得越来越重要。

面对自然环境破坏的对策：回归自然和再造自然。

★ 赘述一些自然环境选择

（1）空气洁净。白天阳光灿烂，蓝天白云；夜晚群星璀璨。没有灰尘，没有异味。负氧离子高（可改善血液黏滞度和带氧量）。吸入空气沁人肺腑，令人心情舒畅。

（2）水质优。饮用水无化学物和微生物污染，达矿泉水标准，没有经过化学处理。灌溉水无化学物污染。

（3）土质好。土壤无化学物污染，长期使用有机肥，微量元素含量高。

（4）气候宜人。风、寒、暑、湿、燥、热不过分，四季、节气交替分明。

（5）树木及多种植物茂盛。植物茂盛，能够净化空气。

（6）提供有机食物。种植环境中空气和水无污染，种植过程不使用化肥和农药。养殖环境无污染，家禽放养和鱼虾养殖都不使用经化学处理的饲料。

（二）社会环境要和谐化

社会环境包括社会体制（法律、制度、结构等）、地方政府管理水平、个人居住地区社会管理、个人舞台、家庭结构、人际关系等。

老龄化社会是人类从未经历过的社会，过去的社会制度，都是在年轻社会状态及文化背景下建立的，适合于人口老龄化不同阶段的社会环境还有待探索和实践。社会环境需要以组织和制度来保证社会有序和谐，向着文明进步发展。

这里强调一下人际交往的微社会环境。作为个人所处的社会环境其最大差异是角色人际关系的微社会环境。同处一个单位工作的两个人，自身微社会环境是完全不一样的，有领导与被领导关系、有平等协作关系、有上下流程对接关系，有竞争关系、有监督与被监督关系。单位的规章制度，人员素质构成，主要领导和上级领导的工作能力、作风、品行等，造成每人的心理压力是有差异的。同处一个城市，每个人的社会交往，有利益关系、合作关系、情感关系、责任关系等，都构成每个人精力、时间付出的差异。如果这些社会环境和谐，有利于个体的发展；如果不和谐，将是失败、悲伤、病痛的重要因素。

（三）文化环境积极化

文化，迄今为止仍没有获得一个公认的、令人满意的定义。据说，有关"文化"的各种不同的定义至少有二百多种。例如，文化是一种社会现象，是人们长期创造形成的精神产物。同时又是一种历史现象，是社会历史的认知积淀物。文化是指一个国家或民族的历史、地理、风土人情、传统习俗、生活方式、文学艺术、行为规范、思维方式、价值观念等。文化是人类在社会历史发展过程中所创造的物质财富和精神财富的总和。文化是意识形态所创造的精神财富，包括宗教、信仰、风俗习惯、道德情操、学术思想、文学艺术、科学技术、各种制度等。文化是人类从野蛮走向文明，只有过程和节点，没有终点的认识及生产物的总和。文化是引导行为的指向标。

文化的本质是精神产物，物质产生精神，精神产生文化，文化又产生三个层面文化产品：第一个层面是知识，包括宗教、科学、技术、艺术、经验等。有人说宗教追求善，科学追求真，艺术追求美，实际上哲学和科学真善美都追求。第二个层面是造物，从造布做衣御寒遮羞，造碗盛水盛饭，造工具农耕狩猎，到造房建城市居住生活。第三个层面，构建社会，包括法律、制度、体制、政策，有计划经济社会，市场经济社会；资本主义社会，社会主义社会。一生二，二生三，三生万物。物质产生精神，精神产生文化，文化产生新的万物。

文化环境包括传统文化背景、时代文化背景、区域文化背景。文化环境载体，有书籍、报纸、广播、电影、电视、网络、外部装饰，社会主流文化载体是国家掌控的宣传工具，对个人文化影响的载体还有周围人尤其是密切接触的朋友，他们既是文化受体，又是文化传播体，他们无时无刻不在传播文化，他们所接受的文化教育和文化素养不同，对个人的影响比其他载体更强。从古到今因交友不慎陷入泥潭的例子太多。目前，最大的文化载体应该算是手机，人们手机不离身、不离手。

　　文化先于教育，教育的使命是传授优秀先进文化。宣传的使命是传播优秀先进文化。文化环境对人的主要影响是价值观、人际关系、情感、方向、动力、智慧、技能等，对幸福生活有主导作用。积极的文化让人乐观进取、聪明自信、和睦相处、合作共赢，反之，消极文化使人消极悲观、愚昧固执、勾心斗角、相互拆台。如果周围都是消极、负能量的文化氛围，尤其是密切接触的是带负能量的朋友，对您的人生幸福没有好处，应尽早离开，寻找和融入积极的文化环境氛围。有的人之所以成功，就是身边有一帮积极向上的有文化品位的人。有的人一生之所以不成功，很可能就是身边结交了一帮文化品位差的朋友。有人把支持、唱赞歌当作积极正能量的文化环境，而把说真话、揭示错误当作消极负能量的文化环境，这是不对的，真正的积极正能量的文化环境包含有共同追求的目标、求真务实的精神、深入思考的智慧，有赞同也有反对意见的氛围。

　　我国涉老文化环境还跟不上老龄化社会发展。几千年来，"孝"文化被发扬光大，并上升到国家政治层面，有些关爱老年人的政策与科学应对老龄化、经济可持续发展之间不够吻合。例如，全国7万多所老年大学都是公益事业，一学期仅收一两百元学费，还有许多老年大学不收学费。而孩子校外培训，一堂课就是一两百元，政府在老年教育上投入巨额资金，社会上还有反映政府投入不够的声音。整个老年文化产业难以发展。实际上以城市退休老年人的经济实力，这点文化消费是可以承受的。另外，"慈"文化一直不被重视，老年人做得再不好，社会主流意识也不会批评，晚辈则很少敢对长辈提出要求。鼓励老年人积极向上文化较为匮乏。

（四）技术物化环境人性化

技术物化环境，包括居住城市公共服务和社区服务设施、个人和家庭住房、交通工具、日常使用的技术设备和技术产品等。古代皇帝的技术物化环境不如现代普通百姓。皇帝没有坐过飞机、火车、轿车，相比而言出生的时代越晚，越能享受到更多的科学技术文明，生命时间长的人比生命时间短的人能享受到更新的科技文明，相对幸福度则越高。现在日常生活技术更能提高生活质量和工作效率，特别是网络时代，通过网络可以查询、社交、购物、支付、安排吃住行等，更能提高生活便利度和幸福指数。那些，坚持电脑不用、汽车不学、手机不买、拒绝生活新技术而自以为是的人，就无法享受到这些便利。

我孩子的外公，他属于当时的高收入阶层，有一次他提出要买1万多元一台的电视机，比当时一般电视机要贵2倍以上，子女都不赞成，他很气愤。我对他讲了一个道理，手表相差0.01秒，因为技术难度高，可能要增加10倍的价格，对日常生活有什么意义？您眼睛又患有白内障，要花那么多钱买高清电视值得吗？他没话可说了。过了一段时间，他去医院做了眼睛晶状体手术，自己也不再征求子女意见，买了一台价格更贵的最新面世的电视机。这次，我服了，这才是真正对生活质量的追求。

朋友詹天祥，在我写作本书期间，给我讲了一个故事，说有一年夏天特别热，他带奶奶去商场体验空调，他奶奶说这东西好。他说价格太贵了，她奶奶说，再不买，哪天她走了就享受不到了，他就帮奶奶买了一台窗式空调。那年夏天连续高温20多天，没有空调的人晚上睡不着，白天吃不下，他奶奶安然无事，周边许多老人却因天气炎热引发了疾病。您说谁的幸福指数高？

朋友郑加文，是生产和销售品牌智能坐便器的。在我写作本书期间，他对我说购买他产品的中青年人多，因为中青年接受新的科技产品快。他让我宣传一个理念：老年人更应珍惜时光，更应成为享受科技新产品的引领者。我认同他的观点。其实，现在许多老年人比中青年人有钱，中青年人要为孩子教育花钱，要还房贷，虽然工资高，但这两项硬性支出就足可让他们背负沉重的压力。而老年人没有这两项支出，可支配的收入较多。郑加文还问我一个问题，中青年家庭买了他们的智能坐便器，很少再买给父母，而老年人买了他们的智能坐便器，多会再买送给子女，这是为什么？我开玩笑回答他，子女是父母共同的，父母是小夫妻单方的。甚至，有的高龄父母银行卡都在子女手中保管，子女自己用了好产品，还不孝敬父母。中国老人省吃俭用，把钱留给子女，子女认为天经地义，老人为自己花钱多了，子女还会心痛，好像花了他们未来的钱，甚至老人生病了，都舍不得拿老人自己的钱给老人看病，更不要说让老人抓紧享受最新的科技产品。可悲的是老人也认可这一观点，认为自己老了，什么也不需要了，花钱都是浪费。正是老了，才应该抓紧享受。您赞同我的这种理念吗？

★ 赘述一些老年人提升生活质量的技术物化环境选择

我国大规模城市生活区和住宅建设中，考虑到老龄化问题还不多，以致有些生活区老年人交流、健身、急救很不方便。

针对老龄化的技术物化环境的对策是对原生活区适老化改造，嵌入老年综合服务设施和技术服务，或建造适老化老年人生活区，适应老年人身体机能下降和多种需求。新建的老年人生活区环境和功能应尽可能满足以下要求：

1. 老年人住宅外部物质环境要求

（1）与城市中心保持1小时以内距离。方便子女看望，方便老人交流和办事。

（2）进行无障碍改造。从住宅到任何一个地点应道路平坦、无绊脚物，住宅和活动场所之间连廊遮雨，方便轮椅车出行，安装有扶手坡道。

（3）有较好的健康支持体系。

①医疗功能。有较好的老年病专科医疗。有步行15分钟医疗卫生服务圈。

②康复护理功能。有康复护理院，为失能半失能老年人提供服务。

③健康管理功能。对个体健康进行连续性评估、指导和服务。

（4）有较好的居家服务体系。有家的感觉和家的方便。居家服务中心规划、支持、指导、监管各种居家服务。提供家政、助餐、助急、助行、助医、助浴、维修、安全、个人事务等服务功能。

（5）有较好的学习和文化活动功能。有老年大学和文化、娱乐、健身、交流场所。

（6）有方便的餐饮场所和购物场所。

（7）有较好的智能化功能。有居住人口信息管理、安全监控、应急救助、各种需求与各种服务快捷对接、随处随身通讯、行动定位等智能化系统。

（8）有正能量文化视觉物。大门、外墙、道路、花园、雕塑、垃圾桶、座椅等装饰充满正能量文化气息。

（9）有室外小歇、如厕和交流设施。

（10）生活区内有快速通道方便救助。人行道无车辆、可在意识放松情况下散步。

（11）再造自然。有多种花草树木，有"山"有水。

（12）有较好的物业管理。

（13）有近30%非老年人居住人口及活动设施。

2.老年人住宅内部环境要求

（1）无障碍设计。住宅活动空间，床、座椅、厕所、餐桌、阳台之间通道无障碍，卫生间门朝外开或左右开，方便轮椅和担架运行。

（2）有适合阳光浴的大阳台。因为晒太阳十分重要，可以提高肠清素分泌和皮下维生素D合成，帮助钙的吸收，改善睡眠，延长生命。

（3）采光好。

（4）通风但不窜风。

（5）配套安全防范设计和应急救助设施、器材，如半透明浴室、扶手、智能化生命监测和呼救系统。

（6）方便邻里交流和互助设计。

（7）失能者安装行动辅助轨道。

（8）家居功能空间。包括具有卧、厨、橱（储）、餐、学、息、厕、浴、夫妻和子女陪伴等功能空间，有家的感觉。

（9）舒适、安全、防碰撞的家具设计。

（10）正能量视觉文化设计。

四、不可抗力

基督教认为上帝主宰所有人的命运，佛教认为因果轮回主宰所有人的命运，道教认为自然之道主宰所有人的命运，科学认为不以人们意志为转移的客观规律支配着事物的发展，都说明有一种决定事物关系和发展的不可抗力。如果人的行为违背这种不可抗力，轻则受阻，重则受到惩罚。这种不可抗力，没有弄清时，有说上帝的意志，有说道的法则，有说佛教的因果，我国老百姓说老天爷有眼，举头三尺有神灵。当被弄清楚时，哲学和科学说是客观规律和自然现象（如电闪雷鸣）。但是，至今很多现象科学还弄不清楚，难以解释。如佛教认定善有善报，恶有恶报，今世不报，来世报，为什么今世有报又不报？来世谁能证明报和不报。

不可抗力对具体个人来说，老百姓说是命运。其实，命和运是两回事，命，是生来难以改变的因素，如一个人的出生家庭、出生时间（八字）、出生地、基因；运，至少有一半是可以改变的。例如，一个人患上了癌症，是一个厄运，但是，经过自己的积极努力，不仅自身癌症治愈了，还悟出了人生道理，成了抗癌专家，帮助更多的癌症患者康复。

哪些不可抗拒的力量，对生命很重要？

（一）天人合一

这是中国传统文化贡献给世界的哲学和科学，可作为一条生命定律。天人合一有三个基本的内涵。

1. 人是大自然的造物，要以自然之物养自然之身。现在有些食物中有化工合成物，进入人的机体后，难以处理，以致引发多种疾病，这已经是共识。很多年前，就有检测发现一些海洋动物体内有900多种人造化工合成物，可想而知陆地饲养的动物体内化工合成物有多少。现在饲养的家禽体内饱和脂肪酸与不饱和脂肪酸比例与50年前发生了很大的变化，有机种植的植物与化肥种植的植物营养成分也有很大的区别。

2. 人的生理活动与大自然的运行有着内在关联，要以自然之运行节律养自然之身。生命周期日、月、季、年与天体运行周期有着不可抗拒的内在联系，打破了这种内在关联，人体就会出现很多问题。例如，日生物钟养生各学科的专家都没有什么争议。月生物钟则对于女性最明显。春夏秋冬四季养生中医研究较多。关于属相（十二年）、甲子（六十年）周期的金木水火土五行属性与身体的关系，有待进一步研究。过去人们日升而作，日落而息。现在人早上睡懒觉，晚上夜生活。过去人夏天毛孔张开出汗，冬天毛孔关闭保湿保温，现在人用空调，夏天毛孔关闭，冬天毛孔开放。过去人吃四季相应的食物，现在人大棚种植，吃反季节食物。

3.人依赖自然生态环境生存，要以人与自然的和谐生态保障人类的生存和发展。人类对自然的过度开发和破坏，已经让人类尝到了苦果，世界主流意识都在呼吁保护环境。现在全球气温升高，氧气比例下降，二氧化碳比例上升，空气、水、土壤污染，大气臭氧层破坏等，如果继续恶化将威胁人类生存。

（二）阴阳和合

这也是中国传统文化贡献给世界的哲学和科学，也可作为一条生命定律。阴阳和合定律有三个基本内涵。

1.阴阳为两极属性（两极），如动为阳，静为阴；热为阳，冷为阴；外为阳，内为阴；上为阳，下为阴；后为阳，前为阴。落实到具体事物上，太阳为阳，地球为阴；光为阳，水土为阴；男为阳，女为阴；树叶为阳，树根为阴等。

2.阴阳相互依存和相互转化。没有阴，就没有阳；没有阳，亦没有阴。阴可转阳，阳可转阴；阳损阴长，阴耗阳长；阳不转阴，不可持续，不可发展；阴不转阳，没有活力，没有生命。

3.阴阳有多种结合并产生多种状态和由低级到高级的复杂结构。阴多阳少，阳多阴少，内阳外阴，内阴外阳，阴阳中有阴阳。

★ 赘述阴阳和合

老子曰"道生一，一生二，二生三，三生万物"，后人有很多理解和想象，用于解释许多事物和现象。我理解这句话是揭示了阴阳的本质，"道"为宇宙法则，或自然规律，或支配万事万物的力量，"一"为抽象的天地人的世界，"二"为阴阳两种属性，

"三"为阴阳和合衍生的万事万物。即自然规律产生这个世界,这世界包含阴和阳两种属性,阴阳和合衍生出具体的繁华的万事万物。万事万物"一分为二,合二为一"。这既是一个哲学概念,又是一个科学概念。但是,我认为传统的阴阳的表述语境难理解,虽然可以运用于很多方面,但难与世界主流科学对接。我尝试用于生命现象的认知,借用科学语境来表述。把阴设定为物质,阳设定为能量。生命"阴阳和合定律",即是物质与能量合一。阴阳和合定律在生命科学中内涵比在非生命中要复杂,包括四层意思:

(1)生命是诸多物质与能量的结合体。

(2)生命体中具有相对稳定的物质与能量相互转化的机制。

(3)生命体物质与能量相互转化过程中发生结构重组,包括生长、修复、衰老、演化或突变,形成生命体的多种状态和由低级到高级的演化(见图15)。

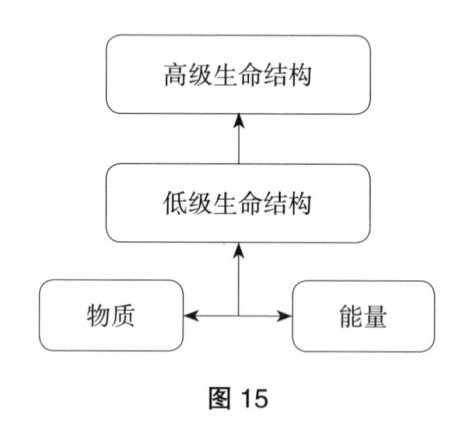

图15

(4)人的生命与植物和动物不同,物质与能量又衍生出精神文化,包括生命认知、社会制度、科学技术、各种文字和艺术等，其中也包含物质和能量两重属性。如人群是物质（阴），制度机制是能量（阳）；房子是物质（阴），功用是能量（阳）；书本是物质（阴），内容是能量（阳）等。我们把相对静态的属性出现时称阴，相对动态的属性称阳。生命的载体是蛋白质，人类在探索研究生命起源过程中，研究发现了合成蛋白质的氨基酸可以由阳光和水作用产生。也有从陨石中发现DNA结构，认为生命的起源来自宇宙爆炸。不论哪一种，都是阴阳和合。尤其是生命的演化过程，蛋白质（阴）再在阳光（阳）和周围环境能量（阳）的作用下，渐变和突变为多物种生命体。能量（阳）的表现形式，有机械运动、化学反应（如肉眼可见的燃烧）、分子运动（包括肉眼可见的水蒸气和鼻子闻到的香气）、光辐射、电子运动（如电流）、吸引力、磁场、原子裂变等，这些能量之间，是可以转化的。物质是各种能量的载体，通过能量的接受和释放，也可以发生物质向能量的转化。爱因斯坦狭义相对论$E=MC^2$揭示了能量与质量和光速的关系。物质的变化过程至少有渐变、裂变和聚变，渐变的过程要上亿年，原子弹和核电站则是核裂变。一般情况下，物质相对不灭，在非核裂变和核聚变的情况下，多种能量和多种物质通过机械的、化学的、生物的等形式转化而发生结构重组，物质的属性发生变化或升级，形成千姿百态的生物世界。日常我们所说的动静、冷热、内外、上下、前后等阴阳属性可以理解为多种物质与多种能量结合和转换过程中的表现形式。

古代阴阳八卦文化（见图16），就是阴阳和合定律的进一步运用。传说先天八卦是伏羲所创，后天八卦是文王所创，用一横代表阳，二横代表阴，组成八种不同的阴阳组合状态。后人用

图 16

阴阳八卦思维方法，认识天文、地理、生命、人事。在实践中可能八种阴阳组合还不够用，又衍生出六十四卦并编撰了卦辞——《周易》，把阴阳组合的六十四种特征演绎到自然、社会、生命和人事的变化上，充满了哲学、社会学和自然科学思想内涵。德国大科学家、哲学家、数学家莱布尼茨发现自己创造的二进制运算与中国《周易》六十四卦存在对应关系，令他对中国无限向往。这也说明真正的科学，不是您发现，就是他发现，不是今天发现，就是明天发现。现在看来，阴阳八卦思维对天象、地埋和生命的认识取得了很大的成就。对人事的认识，因为人为因素较大，可变性大，难以让人认可。我也以八卦的阴阳结合基本原理，想象一下阴阳八卦的现代语境表述，以求与主流科学接轨。乾卦（☰）、坤卦（☷）两卦象征纯阳纯阴，一个代表能量（太阳），一个代表物质（大地），其他六卦是阴阳结合的六种状态，震卦（☳）阴多阳少，两阴在上，物质属性为主，表现为地震雷鸣特征；巽卦（☴）阳多阴少，两阳在上，能量属性为主，表现为风的特征；坎卦（☵）阴中包含阳，外表是物质属性，内在是运动的，表现为水的特征；离卦（☲）阳中包含阴，外表能量属性，能量来自内在的物质，表现为火的特征；艮卦（☶）阴多阳少，两阴在下，物质属性为主，表现为山的特征；兑卦（☱）阳多阴少，两阳在下，能量属性为主，表现为泽的特征。

生命许多现象可以用阴阳和合定律来解释，例如，一棵树，树叶接受阳光的能量，树根吸收土壤中的物质营养，能量与物质相互转换，促使树不断生长。如果，把树皮切掉一圈，阻止了物质与能量的相互转换，树就死了。

人的生命，用最初胚胎时的受精卵的能量（中医说是元气），吸收营养物质，一部分用于结构重组，另一部分再转换成能量，用于再吸收营养物质，循环往复。人具有原始地接受和依赖太阳能量的本能，同时，也有自身能量和物质转化的机制。生命体作为一个复杂的物质和能量的结合体（阴阳和合体），因多种物质和能量结合并相互转化而生（阴阳和合而生），因物质和能量转化停止而死（阴阳分离而死），因物质和能量转化受阻或转化机制不稳定而病（阴阳转化受阻而病）。如糖尿病，因葡萄糖（阳）转化为糖原或脂肪和蛋白质（阴）受阻造成。肥胖，因脂肪（阴）难以转化为能量（阳）造成。养生、治病、康复、抢救只要运用好阴阳和合定律，或控制好阴阳和合调节开关，就能更好地解决生命难题。中医在运用阴阳合和方面有丰富的经验积累。

人生，不仅生命运行可用阴阳和合定律指导，社会生活也可以用阴阳和合定律来指导。仁者见仁，智者见智，运用起来千变万化。

（三）快乐法则

自然创造生命，注入了快乐法则的运行机制，趋乐避苦。饥了，要进食，进食就快乐，能维持生命的存活。发情了，要性交配，性交配就快乐，能延续类的繁衍。快乐的物质基础是体内产生快乐因子（肽类物质），现在已经发现脑垂体、丘脑下部分泌内啡肽，具有镇痛、调节体温和心血管、增强免疫力和杀死癌细胞、促进损伤组织修复等作用，还发现心脏也能分泌多种肽液，对身体有极好的健康调节作用。自由地生活、获取新知识、解决难题、新发现、去爱和被爱、兴趣激活等，体内都会也产生大量快乐因子，促进健康。反之，生气、焦虑、抑郁、动怒、恐惧等不快乐心理状态，会产生有毒物质，引起身体损伤和多病多灾。有人做过实验，把人生气时呼出的气体溶于水中，再注入实验小白鼠体内，可以让实验小白鼠很快死亡。

（四）善有善报

一切符合人类生存、发展、文明进步的行为都是善。无条件地珍惜生命，珍惜自己和他人的生命是善的最底层逻辑。残害他人生命是个人最大的恶，杀人偿命是对大恶的最大惩罚。只有当自己生命受到危害时，因正当防卫伤害了他人生命才可以原谅，这已经是各个国家的共识。战争是人类最大的恶，人类如果不建立这一共识，永远阻止不了战争的灾难。现在人类拥有的核武器已经足够毁灭人类多次，人类至今没有消除战争毁灭人类的威胁。军备竞赛一天也没有停止过，你不发展军事，就被军事强大的国家所控制，这至今还是人类面临的难题。就个人说，人类的进化是向善的，人的向恶基因逐步退化，向善基因逐步强化。文化的发展是向善的，文化永远赞美善，摒弃恶。社会的进步是向善的，任何国家的制度和法律都是惩恶扬善的。关于善有善报，从古到今的故事太多太多，现实生活中无处不有。

善有善报机制（见图17）：您帮别人做一件善事，对您可能不费力，却是帮助别人解决了一个人生大难题。被帮助的人有条件时，可能直接回报您，于他做起来也可能不费力，可能是帮您解决一个生活大难题。被您帮助的人受您感染，也去帮助别人。被他帮助的人，也受他感染帮助另一个别人，循环下去，总有人又帮助了您。您帮助别人，受到别人的认可和感恩，相互建立了深厚感情，心情好，吃得香，睡得香，身体好，健康长寿，也是人生回报。但是，有一个前提，您要有识别能力，帮助值得帮助的人，否则，是好心办坏事。

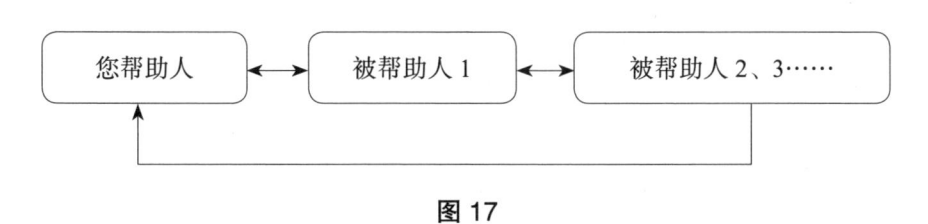

您帮助人 ↔ 被帮助人1 ↔ 被帮助人2、3……

图 17

恶有恶报机制：做了恶人干坏事，别人恨他，当他遇难和需要帮助时，别人可以不费力帮他但不帮。做恶人人格影响到自己子女，子女也会用同样的方式对付他。别人一听说是恶人的子女，也不愿帮助，难成全子女的大业，甚至报应到子女身上。恶性人格转化到后代的基因里，代代没有好报。快乐是健康长寿最重要的因素，人间最大的快乐，不是物质所获，而是来自取之不尽的人间真情滋润，恶人缺少这份真情，缺少这份快乐，缺少这份对健康的支撑。另外，做坏事，半夜听到风吹草动，都怕鬼上门。恶人有一半以上的心智要防备受害者的报复，不可能心身和谐地过好生活，必招惹病魔，也无幸福可言。

（五）人往高处走，水往低处流

有句大话，历史洪流滚滚向前，谁也不可阻挡。有句俗话，人往高处走，水往低处流。人生就是不断增长智慧、增加财富、提高地位，然后惠及他人、惠及社会。人往高处走，是有一种内在力量，要求人们不断学习，努力工作，天天向上。人类社会不断走向更加文明。民族、国家不向前发展，就将被淘汰，这是一种不可抗拒的内在力量在推动。水往低处流是重力或地球引力，比喻到人身上，即当您的智慧、财富和地位达到高位时，势能增大，才能够并需要向下流动惠及更多低位的人，带动共同富有、共同进步和共同发展。我国传统文化也有比喻人生如同"逆水行舟，不进则退"说法。一切积极进取的人，都会得到更好的回报。所有今天幸福的人，都是昨天积极努力的回报。我有一位兄长叫庄德，经常对我讲，幸福，是生命从一个平衡状态向更高层次平衡状态，由量变到质变的过程，每天至少向上一公分，就能产生幸福感。一旦下降，就失去了幸福感。知识的增长、情感的加深、思想的进步、事业的发展、财富的增多、生命的延长、社会的贡献、帮助他人等，都是我们每天向上的追求。

有位女性朋友，能力很强，但她认为女人不需要做领导，她的领导要提拔她，她一口拒绝了，弄得领导好心没好回应。我劝她说，您有这个能力，承担这个岗位工作对您也不吃力，还能做更多的贡献，应该接受。她不听。后来，一个比她能力差的年轻女孩成为她的顶头上司，工作不上路子，还经常给她小鞋穿，气得她经常吃不好、睡不好。不了解情况的外人还说她，这么大年龄，还是个小科长，肯定能力差，或性格有毛病，或犯过错误。她后悔当初没有听我的劝告。对一个男人，更是以社会认可为重，如果到了50岁，还没有相应的社会地位，别人肯定认为您是无能或有毛病的人。一个人，天生赋予的潜力和运气赋予的资源，一定要尽最大努力，发挥出来，能挑多重担子挑多重，这才是真正地认命、顺命、尊重人往高处走这一不可抗力量。

一个人青年时不努向上，中老年就会显示结果，子女谈婚论嫁，中国人讲究门当户对，您的子女爱上别人家孩子，因您的身价卑微，成就不了美好的姻缘。不要怪别人是小人，不懂爱情。您给孙子100元过年压岁钱，孙子嫌您给的太少了，因为外公给了1000元；您给小孙子买的玩具，被他扔了，因为外公买的玩具又贵又好，您怪小孙子吗？是您年轻时，不够努力。

人往高处走，才能做大事，积大德。您有更高的智慧、更高的品德、更高的权力、更多的财富，您才有更大的影响力，才有足够的势能，向下输出您的智慧、财富、善行，您才能对社会做出更大的贡献，才能超越普通人积累更大的功德。

（六）和谐发展

和谐，指人与自然的和谐，人与人的和谐，人体自身内部的和谐。和谐不是无条件地退让和掩盖矛盾，而是要以发展为前提。和谐的标志：有序、稳定、协调、高效、发展，和谐不仅包括目标的追求，也包括手段和过程的和谐，即使跃迁式发展，也应保持有序、稳定、协调、高效。和谐，顺者昌，逆者亡。

（七）用进废退，适者生存

用进废退这个观点，最早是由法国生物学家拉马克提出，他在《动物的哲学》中系统地阐述了他的进化学说（被后人称为"拉马克学说"），提出了两个法则：一个是用进废退；一个是获得性遗传。认为生物体的器官经常使用就会变得发达，而不经常使用就会逐渐退化；这种器官功能的发达和器官的退化，还可以产生获得性遗传，遗传给后代，产生物种的功能变化。这是一种生物现象，或客观规律，或不可抗拒的力量。人的大脑因学习和思考，功能不断强化，并一代一代不断进化。人的肢体功能、语言功能、自我感觉功能等，都要经常运用，否则都会退化。现代糖尿病和肥胖的增多，与运动减少、肌肉退化、消耗和储存糖功能下降有关。为了智慧不减，或预防痴呆，要保持积极用脑。为了身体健康，要保持适量运动。

适者生存观点，最早也是拉马克提出的，但后来达尔文进化论影响更大，人们认为是达尔文的观点。达尔文在《进化论》中提出"物竞天择，适者生存"观点。意思是各种生物互相斗争，由天（自然）来选择，适应自然变化就存活，不适应的就灭亡。物种之间及生物内部之间相互竞争，物种与自然之间的抗争，能适应自然者被选择存留下来，是一种丛林法则。原指自然界生物优胜劣汰的自然规律，后也用于人类社会的发展。在弱肉强食的世界里，弱者将会被强者吞食，强者也就适应了这个生存法则，而弱者就被淘汰，很残忍，也很现实。人类社会与动物世界不同，人类更重要的是靠协同生存和发展，而不是弱肉强食。但是，适者生存，是不可抗拒的力量。必须适应社会发展、适应自身变化、适应事物发展必然规律，才能获得更大的成功和更大的幸福。

（八）凡事有度

度，是一个哲学概念，也是日常生活概念。哲学概念指事物保持质和量的界限、幅度和范围，是一定质量所能容纳的量的活动范围的最高界限和最低界限。在这个范围内，事物的质保持不变，突破了界限点，事物就会发生质的变化。事物性质有跃迁升级的变化，有退化降级的变化，甚至有相反方向的变化。俗话说物极必反，就是指事物发展到极端，必然会向相反的方向转化。例如，在生活和工作中，利己与利他，利己过度，将被社会唾弃；毫不利己，将应验俗话说：好人不长寿。财富与贫穷，贫穷难以生存和发展；财富过多，老百姓说，生不带来，死不带走。自控与放纵，自控能力太强的，本性得不到满足，往往是多病的人；任意放纵自己的人，也是多病早夭的人。情感与理智，在婚姻中太理智，就没有爱情可言；太情感化没有理智，常常坠入不可挽回的深渊。营养与贪食，生命需要营养，营养不良要患贫血、浮肿直至死亡；贪食营养过剩，要患肥胖、糖尿病、心肌梗死、中风，加速死亡，俗话说"吃饭少一口，能活99"，这一口就是度的临界点。能力与空间，每个人的承载能力和发展空间是有限的，有人做事超出自己的能力范围和发展空间，是失败的重要原因，这也是度没有把握好。人类的善与恶，都是欲望的满足，对人性的满足就是善，但过度了，就是恶，如人类开发自然满足自身需要，无可非议，但是，过度开发自然，将会带来人类的毁灭。人类的文明进步一直是在度的把握上探索。

（九）协作和交换

社会的本质是协作。人类从夫妻协作和家庭协作，到几个人的协作，到家族的协作，到村庄和部落的协作，到国家和人类的协作，没有协作就没有社会。个人的成功与失败，很大程度上靠协作能力。有交换才有协作的飞跃，才有社会分工，才有真正人类整体能力的发展。人类从易货交换、到可切割的金属货币交换，到纸币交换，到用国家信用的数字交换。交换的内容有商品交换、服务交换、情感交换、智慧交换，交换的特点有现时交换、延期交换和延伸交换（我帮助您，您帮助他，他再帮助另外的他，另外的他再帮助我）。在市场上有商品议价交换；在家庭中，父母养育子女虽是本能，也是抚养与赡养的无价延期交换和感情交换的结合；夫妻是情感交换和相互依靠交换的结合，单方的付出都不会长久。有句俗话，人在世上过，欠的都是要还的。一个只索取不付出的人是成不了大事的。人人只付出，不索取，经济就不能发展。付出不索取是行善，是对交换难以覆盖的空间的补充，是要有智慧的。没有智慧地行善，可能铸成恶果。例如，施舍赖汉，助长不劳而获。做企业，不在交换中追求合理的利润，必将被淘汰。

（十）传统文化认为决定人生成败的是十大力量的综合作用，不是一种力量

即一命、二运、三风水、四积德、五读书、六名、七相、八敬神、九贵人、十养生。许多人都被"有志者事竟成"的励志理念忽悠了，盲目自信，不知道成功与失败是多种因素结合或多种力量的合力。

一命，指自己无法改变和把控的，如出生家庭、出生时间、出生地、基因、身体承载能力等。自然人生而就不平等，社会人必须基本权益平等。富二代受教育条件更好，穷二代更要加倍努力。出生身体就残疾的人，自然发展空间受限，但有自己的发展空间，不要做做不到的事，而要努力做适合自己做的事，天生我材必有用。

二运，指什么时间遇到什么人和遇上什么事。这个时代的人，遇上国之大运，是五千年来最好时代，相比过去时代出生的人运更好。但是，也有小的厄运，如2019年底开始的3年疫情，伤及了许多人。好运是各种有利要素在某个时点的对接，是送给有准备的人的。个人也可以改变运气，积累各种发展要素，一旦对接，成功谁也挡不住。

三风水，指生活环境，大到一个地区，小到一个住宅。相比生活在农村的人与生活在大城市的人，二者的发展空间不一样。住宅环境不卫生、不通风、没有阳光，容易患病。前后贯通的住宅也不好，也易患病，所以过去住宅都喜欢设置屏风或照壁。住宅是养精蓄锐的场所，精力强，才更有利于工作和事业成功。

四积德，指帮助他人和履行责任的行为。为人民服务是最大的积德。一个专门利己、不为他人的人，是不会得到别人的认可、帮助、支持和赞美的，因此，也很难成功。一个乐于助人的人，也一定有机会得到别人的帮助，获得更大的成功。

五读书，书是人类进步的阶梯，是提升和发展自己智慧、能力、情感、格局的营养。许多人不成功，是书读得太少，或是书读得太偏，或不会读书。

六名，每一个人的名字其文字都是有内涵的。无时无刻不在刺激您、提醒您，它是您的咒语。它不是一个简单的符号。首先，父母为您起名字时，就种下了对您的期待。其次，别人叫您名字时，潜意识就产生了对您的部分看法。这对您都是一种看不见的作用力。我的名字叫牛飚，很张扬，别人常用更高标准衡量我，我也不得不加倍努力。

七相，相貌美、丑、善、恶直接影响别人与您的互动。美女有更多的机会找到优秀的男伴，但是，美女更会被纠缠在男女是非之中，耗神耗力。一副桃花相的女人，自然招惹无聊的男人。一副和善的面相，自然朋友较多。生活中确实很多机会，是第一印象铸成的，第一印象主要来自相貌。相貌不仅是父母给的，更是自己修的。30岁之前的相貌是父母给的，30岁之后的相貌是自己修的。中国人讲相由心生，修心比美容重要一百倍。

八敬神，神是一种不可抗拒的力量，或是常理，或是客观规律。当我们解释不清时，当神供，当弄清时，就是经验、理论、科学，要尊重它、发现它、运用它。

九贵人，没有人成功是从来不靠别人支持的，除非您没成功过。指导您方向的人，传授您重要经验和智慧的人，关键时候助您一臂之力的人，阻止您下滑的人等，都是您的贵人。

十养生，有健康的身心状态，才会有积极的思维，具备好的身体素质，才能有精力挑起更重的担子，才能经受得住来自生活的和工作的各种挑战。

这十个方面都优秀的人，事业一定会有更大的成功。

如果，把个体、知行、环境、不可抗拒的力量四大要素的全部子因素，都进行数字化，设置一个高级运算方法，用所有人的运行大数据为对照运算，就能算出一个人生命运行轨迹，包括什么时点成功，什么时点患癌症，能不能健康长寿。当这种技术还不成熟的时候，靠人的分析，信息越多越能分析出生命的轨迹。

延长生命的长度和展开生命的厚度，给生命以时间，给时间以生命，是人类提高生命意义自古至今不懈的追求。如果，一个人在生命的轨迹某个时点上遭遇挫折或患病，想改变自己的生命轨迹时，除找专家指点、医生帮助外，自己努力的思路是认清个体，提高知行，改变环境，顺应和利用不可抗力量。改变其中一个或几个要素，生命的轨迹就会发生变化。个体命中注定的因素不可变，但后天因素是可变的，知行是可变的，环境也是可选择的，不可抗力量是可认知并驾驭的，因此，生命的轨迹是有很大调节空间的。

第三节 人生定律

前面讲了生命轨迹定律,先说明一下我所说的人生定律与生命轨迹定律的区别,生命轨迹定律指人作为自然人和社会人,在时空中生存和发展的运行轨迹。人生定律指人作为社会人在社会环境中的生存和发展,更多地阐释知行在社会成功与否中的规律。人生定律包含在生命轨迹定律之中。

社会是个大舞台,我们看的戏剧、电影、电视剧等都是社会舞台的片段反映、缩影或提炼。每个人都在社会大舞台中的某个舞台或片段中扮演着某些角色。所以,我提出的人生定律的定义是:人生,是愿望附着于角色在社会舞台上的能力表演,成功与失败在于愿望、角色、舞台、能力四个要素是否匹配(见图 18)。有人心比天高,命比纸薄,人生很悲催,实际是愿望与角色、舞台或能力不匹配。我有一退休朋友,对中医发展抱负远大,每当讲起中医不被重视,情不自禁眼泪夺眶而出,70 多岁就郁闷而终,也是愿望与角色、舞台、能力不匹配的结果。有人占据高位、重权在握,但能力很差,这种能力与角色、舞台不配位,也不会有好结果。

指导人们走向成功的教导大多是励志内容,传统的说法有"有志者,事竟成","天降大任于斯人也,必先苦其心志,劳其筋骨，饿其体肤，空乏其身……"现代的说法就更多了，误导多少人盲目坚守，苦一辈子，也没有成功，不知道吃苦和坚守是需要建立在正确的选择之上的，更需要愿望、角色、舞台和能力的匹配。想改变人生，重要的是要在这四大要素调整上下功夫。

图 18

一、愿望

愿望是成就不同人生的前提。当然，愿望也随着个人条件变化而不断调整。人们常引用拿破仑的一句名言，"不想当元帅的兵不是好兵"。拿破仑自己的人生，就是从一名普通士兵成为法国军队最高统帅。这句话可能是他自己的感言。不知道大家是否仔细思考过这句话的正确性？教育要求青少年树立远大理想，不知道大家是否仔细思考过其中的道理？我是这样理解的：

（一）愿望决定接受什么信息

人的基本行为活动，就是接受信息→储存信息→加工信息→输出加工过的信息→产生行为。接受什么信息，完全是由愿望决定的，活命及活得更好是人的共同愿望，所以，大家都会接受安全、保障、健康方面信息。但是，有赚大钱愿望的人，对经济形势、企业管理、投资和创业、产品及营销、企业家等信息特别敏感，而没有赚大钱愿望的人，这类信息永远是耳边风。一个有愿望看美女的人，美女过眼不忘。没有这种愿望的人，女性出门前化妆一小时，根本不入他的眼帘。

（二）愿望决定吸引同类人

您有某种愿望的信息释放出去，按照吸引力法则，会不断与外界同类信息对接。赚钱的人会与赚钱的人在一起，跳舞的人会与跳舞的人在一起，信佛的人会与信佛的人在一起，小偷会与小偷在一起，成就不同的人生。

（三）愿望决定努力程度和方向

有远大理想的人会围绕愿望不断学习进取和开拓创新，而没有远大理想的人更多的是吃喝玩乐混日子。也产生不同的人生。

（四）愿望激活人体相应机能状态

人体所有细胞和机能状态都是围绕愿望工作的。您想爬 13

层楼锻炼身体，您全身细胞和机能状态都会调整到爬上 13 层楼的状态，到第 11 层楼您才会觉得累。如果您根本不愿意爬一层楼，逼着您爬 6 层楼，您全身细胞和机能状态还停在低位运行状态，当爬到第 4 层楼时就气喘吁吁，甚至心脏病发作。据我近 40 年老龄工作的观察，一个只想活 70 多岁的人，到 70 岁前后，身体就开始出毛病了；如果一个人真想活 100 岁，90 岁身体才会出毛病。如皋市成为世界长寿之乡第一，并没有自然环境优势，其中有一个因素，是我很多年前在省老龄委工作时，向当地政府领导提议，把长寿之乡作为本地经济社会发展战略，时任领导接受了。当时，如皋的百岁老人数在全省还不是第一，但是，他们率先发放百岁老人长寿补贴，打造和宣传长寿之乡文化，建立长寿公园，举办百位百岁老人万岁宴，构建健康长寿产业链等，举办长寿之乡文化节，使健康百岁真正成为了如皋市经济社会发展战略重点和全体民众每个人细胞里的愿望，就连青年人谈恋爱，如果家中没有长寿老人，大大减分，这也是如皋市真正成为长寿之乡重要的原因之一。

二、角色

谁都摆脱不了角色。角色帮助思维和成长。不当领导角色，不一定会站在领导的位置思考。不当老板，难以体验老板的辛苦和压力。养儿才知父母恩，即自己当了父或母，才知道父母把自己养大不容易。

人与人之间的关系主要是角色关系。孔子说的君君臣臣、父父子子、夫为妻纲等讲的都是角色关系。人与人之间的角色关系有：在单位内有领导与被领导者、同事与同事等角色关系，家庭内有夫妻、父母与子女、公婆与媳妇、岳父母与女婿、祖父母外祖父母与孙子女等角色关系，在社会上有消费者与经营和服务者、执法者与公民、医生与病人、教师与学生、作者和读者、导演与演员、演员与观众、朋友之间、志愿者与被服务者等角色关系。社会角色有大小高低之分。每一个人都是一个角色集。譬如，一个女人，在单位可能是下级的领导，上级的被领导者，职业可能是经营管理者，在家是父母的女儿、丈夫的妻子、公婆的儿媳、子女的母亲。社会对每个角色都有角色期待，好领导、好父母、好子女、好经营者、好医生、好教师、好民警、好护工等应该是什么样的，在每个人心目中都有一杆评价的秤，绝大多数人对角色期待的总和就是角色社会期待。

人与人互动，主要是角色关系的互动。人与人矛盾有一半以上，来自角色期待与角色表现不对应的矛盾。如群众对领导不满意，妻子对丈夫不满意，朋友对朋友不满意等，多是角色期待与角色表现的不对应。

个人常会出现角色不适应、角色冲突、角色混淆、角色紧张。

角色不适应，常见有几种情况：一是个人进入新角色或角色变化还没来得及学习和成长，二是个人的能力和个性不适合某种角色期待的要求；三是显文化对角色的要求与潜文化对角色的要求是矛盾的；四是环境变化，对角色的要求发生了变化，但是个人还保留在过去的角色理解中，造成角色不适应。

角色冲突，指个人担任多种角色，角色与角色之间有不同的要求，发生角色之间时间和精力分配的困难，例如，忠孝难以两全，事业和家庭难以两全。

角色混淆，指角色转换时把一种角色的行为带到另一种角色行为中。如在单位做领导，发号施令，在家再把配偶也当下级发号施令。有的领导对下属称兄道弟，下属有时忘了上下级角色关系，真把领导当兄弟了，对领导工作指手画脚，而出现矛盾。

角色紧张，是由于角色不适应、角色冲突和角色混淆，造成身心处于紧张焦虑之中，严重时引发疾病甚至自杀。例如，许多学龄前儿童，在家是家庭关注的唯一焦点，上学后，虽仍是关注重点但不是唯一焦点，而且需与小朋友相处，不适应，就会经常生病。有些人在职时重权在握，一退休，人走茶凉，不适应，也会发生退休综合征，甚至癌症。婚姻关系，应该是阴阳匹配关系，男女有不同的角色要求，但许多家庭是阳阳对等关系，双方都是董事长或总经理，谁也不让谁；也有一方把另一方当作不花钱的保姆，另一方不能接受，所以，婚姻不稳定。

最易做的角色是观众角色，所有的演员都是以观众为中心，追求观众的掌声和赞美，观众只要鼓掌叫好就行了，但是很多人不会做。当然，要想做一个好观众角色也要有评判能力，要不违心发出掌声和赞美，甚至要主张正义，要把占着舞台的不称职的角色赶下台。

人生很重要的任务，是根据愿望选择和争取角色，时时清楚自己的角色，弄清社会的角色期待和角色互动中对方的角色期待，不断提高角色行为能力，处理好角色关系，履行好角色任务。

三、舞台

社会是个大舞台，每个人都在舞台上。

从舞台主题看，有政治舞台，经济舞台，教育舞台，医疗舞台、文化舞台，公益舞台，等等。

从舞台大小看，政治舞台有中央、省、市、县（区）、乡镇（街道）、村（社区）不同等级政府机构；经济舞台有金融巨头机构、上市公司、行业垄断公司、中等规模公司、小公司、个体工商户等；教育舞台有高等教育机构、基础教育机构、幼儿教育机构、职业培训机构、文化培训机构等；医疗舞台有集教学、科研、医疗一体的大型综合性医院，有专科医院、康复护理医院、中医院、社区卫生服务中心（卫生所）、个人诊所等；文化舞台有国家、省、市、县级传媒机构，影视公司，出版社，图书馆，网络机构，个人自媒体，等等；公益舞台有各种慈善组织、各种宗教组织、各种社团组织、各种民办非营利服务机构、社区公益服务机构等。舞台大小，对社会的影响不一样，对个人的收获也不一样，可以产生不同的人生价值和成就感。人生社会价值有两个取向，一是对社会的贡献大小，二是社会对个人的认可度，包括赋予的权力、职位、职称、收入、福利、荣誉等。选择大舞台，社会影响大，但自己不一定是重要角色；选择小舞台，社会影响小，但也有小舞台做出大贡献的可能，小舞台往往自己是重要角色，体验感和快乐感不一样。

从舞台特点看，不同的舞台，有不同的规则。选择权力舞台，就要放弃对巨额财富的追求。选择公务员舞台上，就要有政治意识，不能随意乱说。在大公司的舞台上，就不能像个体工商户一样自由，想营业就营业，想休假就关门。在教育舞台上，就要为人师表。选择面对公众的舞台，就要严于律己。舞台还有前台和后台分之，前台和后台对社会的贡献是共同完成的，但是，公众看到和认可的是前台角色的表演。

　　人生要根据自己的愿望和能力选择好舞台。能力强舞台小太可惜，能力小舞台大，不匹配，可能对自身是伤害。想做大事，需要寻找和走上大舞台。两个大学生毕业后，一个去做小学老师，一个去做大学老师，若干年后，做小学老师的人，可能是小学校长，在当地很受尊重；做大学老师的人，可能是学科带头人或大学校长，学术界乃至全国都很有影响力。在小企业与大企业，在小医院与大医院，在小地方与大城市舞台工作，最后，都会产生不同的结果。这就是现实，尽管我们鼓励人们，行行出状元，工作不分贵贱，其实，工作舞台和内容，决定社会贡献大小，而做小事与做大事，花费的时间和精力，付出的努力可能是一样的。而做大事，更能积大德。就其职业舞台来说，有服务于人，有教育于人，有规范于人。做官虽说是服务于人民，更多地是规范于人的行为，是推动社会发展最重要的力量，官场是最大的舞台，不要当不上官说当官不好，在中国做一个好官，是最能得到老百姓的爱戴的，最能积大德，最能获得成就感。

　　我在省级工作岗位体会很深，我主笔起草很多政府文件，一项好的政策，可以惠及成千上万的人，比服务几个人，功德不知大多少倍。一个人有好的舞台，要好好珍惜。几十年前，我第一次组织全省老年大学合唱观摩，老年人对舞台的热爱，对表演的认真精神，那歌声充满对生命的呐喊，震撼了我几夜不能入眠，他们没有舞台了，给他们一次舞台，就放出生命精彩的光芒。结束后，我对《老年周报》的下属感慨地讲："你们一定要珍惜今天报社这个大舞台，等到你们退休了，再也没有这么好的舞台了"。我曾经担任过五个社团秘书长职务，我都很珍惜，竭尽全力地做好工作。后来，随着年龄的增长，我自己的体能和精力与舞台不匹配了，就主动推辞了。

人生舞台不是随心所欲能选择的，找不到更好的舞台，只能在已有的舞台表演好。曾经有位年轻人对我说他的舞台太小，束缚太多。我对他说"你的能力和机会，一时匹配不到适宜的舞台，现在就算是一张桌子，你也要当舞台，你戴上镣铐，也要跳出优美的舞姿，才能为下一个舞台做准备，才能让人看到你的才能"。

四、能力

一般认为能力是做好事情的决定因素。能力对应于某人，即是人才。人才是组织的核心竞争力，选拔有能力的人才担任重要工作，是事业发展的重要基础。许多国家、城市和企业实施人才发展战略，建立培养人才、引进人才、激励人才的政策。

人才的能力也成了心理学、管理学研究的重要内容。

关于能力的研究很丰富。有能力结构研究、能力类型研究、能力提升研究、能力差异研究、专业能力研究、超能力研究等。心理学把能力分为一般能力和特殊能力。一般能力是指在进行各种活动中必须具备的基本能力，如感知能力、记忆能力、想象能力、思维能力、注意能力等；特殊能力是指顺利完成某种专门活动所必备的能力，如音乐能力、绘画能力、数学能力、运动能力、沟通能力、管理能力等。一般能力和特殊能力相互关联。一般能力又称智商，后又提出情商、逆境商，老龄化社会又提出健商。心理学还提出液态智力和晶态智力，液态智力是一种以先天生理为基础的认知能力，早期有明显的发展，青年期达到顶峰，成年以后开始下降；晶态智力是以学得的经验为基础的认知能力，它是运用已有的知识与技能去学习吸收新知识和解决新问题的能力，它不因年龄增长而降低，反而有人会因知识经验的累积呈升高趋势。这是鼓励老年人继续进取，让社会认可老年人价值的观点。能力有很多，如认知能力、再造能力、创造能力、自我调控能力、学习能力、管理能力、领导能力、决策能力、执行能力、沟通能力，还有解决问题的逆向思维能力，考虑问题的换位思考能力，强于他人的总结能力，解决问题的方案制定能力，超强的自我安慰能力，岗位变换的承受能力，等等。人在能力方面是存在差异的，一般表现在能力类型差异、能力水平差异、能力表现差异、能力提升差异。相对于要完成的任务，不同的任务性质，需要不同的能力。

就其能力而言，我的人生体会有五种能力很重要。

一是专业能力。从事某种行业、职业、岗位工作，需要对应的专业能力。如医生、教师、律师、主持人、演员等。每种专业能力都有其内在的能力结构，需要专业的培训、学习和训练。

二是学研能力。知识不断在更新，技术不断在进步，环境在不断变化，新的挑战不断出现，需要有较强的学习和研究能力，包括理解能力、总结能力、融合能力、发现能力和创新能力。英语 study 中包含学习和研究，而中文"学习"只是学懂和练习，不包含"研究"。英语 study 应翻译为"学研"，这种能力更适合新时代。

三是抗击打能力。人生不可能事事顺利和顺意，会有不被认可和不被重用，会有挫折，会有失败，甚至会有被打击、被误会、被诬陷的时候，需要个人经受得起打击，继续勇往直前。

四是沟通能力。每个人都是社会人，人要与人相处，工作要与别人合作，家庭要相互帮助，因工作和生活改变要适应新的人际关系，等等，都需要沟通能力来支撑，沟通能力是社会人必需的基础能力。许多人的不成功，问题出在沟通能力较差，不能说服领导，不能说服家人，不能说服客户，不能说服合作者，而丢失很多机会，产生很多阻力。

五是自我调控能力。人性有弱点，生活有诱惑，生理有变化，情绪有波动，自我反省、自我认识、自我调节、自我控制、自我坚持是一个人成长和成熟的标志。

遗憾的是我们过去的教育内容，缺少对这些生命幸福至关重要的能力的培养体系。

个人的生活和工作经历让我体会到，能力虽然很重要，但能力的背后还有促进能力发展和决定能力发挥的因素。我从小学、中学、大学，一直到工作期间，都觉得自己能力较差，比我能力强的身边人比比皆是，但事实上我许多事都比他们做得更好，因为我加倍地努力了。我带团队工作时，下属工作出色的也不是开始时能力最强的人，而是在努力中能力成长较快的人。能力的提升与下面几个要素息息相关。

1. 愿望。人的基本行为是在愿望支配下，有选择地接受信息、储存信息、加工信息、输出加工过的信息和行为。人生是愿望附着于角色在舞台上的能力表演。有愿望，才有动力和激情。有愿望，才会按照愿望实现的可能性，学习、规划和不断努力，能力自然在其过程中得到发展。所以，从小建立远大理想比单纯培养能力更重要。

2. 兴趣。做自己有兴趣的事，越做越快乐，做自己不喜欢的事，越做越累。兴趣还是能力发展的最好基础，兴趣的不断满足是快乐的源泉，在快乐中提升能力比被逼提升能力更快速。人生能做自己感兴趣的事，是人生一大幸福。但是，人生来不是对什么都感兴趣的，兴趣是可以培养的，要善于从不感兴趣的事物中发现内在的美和价值，就可从不感兴趣走向感兴趣。如果不能做自己感兴趣的事，就把自己必须做的事变为兴趣。

3. 责任心。责任心强的人，在其做事的过程中能力自然得到提升。人生有许多事不一定是自己想做的，但却是人生过程中必须经历或赋予您的责任和要求。如做下属，要听从上级指挥，完成好上级压下来的任务；做领导，要严于律己，团结下属，费心调动下属的积极性；做父亲，对孩子要言传身教；做服务，对顾客要低三下四；想生活得更好，要努力赚钱；为了健康，要坚持锻炼，等等，对许多人来说，不一定是生来喜欢做的、不想做但又必须要做的事，就需要责任心来支撑。我们常要求重要岗位要配置德才兼备的人，这个德，就是责任心。大德生大智。

4. 进取心。许多人智商不差，但没有学习和提升能力的愿望，特别是许多老年人能力不适应社会变化，主要原因是缺少进取心，而不是衰老了。而有些老年人活力四射，是具有不断进取的意识和行动，与时俱进。对新事物、新知识、新关系永不畏惧，永葆进取心，是老年人的优秀品质。进取心，一是有愿望弄清楚自己不懂的东西，二是有愿望超越自己的昨天，三是有愿望超越别人。四是做任何事都追求完美。

5. 自信。自信是所有人才必备的优秀品质。所有的伟人没有一个不自信的。我曾从中国老龄科学中心一项大样本量的高龄老年人调查数据中分析得出，百岁长寿老人都是具有自信心理素质的。能力强，但不自信，就会放弃挑担子，就会丢失人生很多机会。能力不强，但有自信，在挑担子过程中能力自然会得到提升。但要特别注意，千万别把固执当自信，固执是许多苦果的根源。自信与固执的区别，我思考了30年，发现唯一的界线就是有没有格局听进并思考不同意见。

6. 格局。我们进入了一个合作的时代，个人万能的时代一去不复返了。小事大事都需要合作，没有胸怀、没有格局，很难被认可，很难有机会找到好的合作者共创、共成、共享大业。就是一个家庭也需要格局，才能保证和谐。一个人想做事，就要善于包容与自己个性不同的人、意见不同的人、层次不同的人，甚至攻击过自己的人。

7. 科学思维方法。能力是思维和行为的组合。思维决定认知、决定决策、决定行动。而思维受个人倾向、利益、经验、情感、旧知识、思维定式、信息量等因素影响，许多人错误观点的形成，是缺少正确的思维方法造成的，他们的思维只是围绕思维前的错误倾向建立的论证。有些人知识水平较高，一辈子总犯决策错误，问题就出在简单思维方法上。因此，科学的思维方法是思维能力和正确决策的基础，是摆脱个人主观倾向束缚的最好法门。比如，5W1H分析法（为什么，是什么，在哪儿，谁，什么时候，如何），相对能摆脱错误决策。再比如，癌症，用斗争哲学思维已经很难突破，用和谐哲学思维可能找到新的出路。

具有愿望、兴趣、责任心、进取心、自信、格局、科学思维方法这些优秀的心理品质，是快速提升能力和构成能力的要素。所有的失败者，一定不具有这些优秀的心理品质。不论孩子教育，还是个人的成长，培养兴趣、责任心、进取心、自信、科学思维方法，是培养能力的重要基础。

第三章　幸福提升

——生命规划·不要漂泊，要自主航行

第一节　要不要做提升幸福的生命规划

问：您的生命，是做水上漂泊的一片树叶，随波逐流，还是做一艘属于自己的船，自主驾驭，航行未来？

答：不要漂泊，要自主航行。

自主航行，才是人生的意义。要航行，就要根据愿望来规划。人与动物的很大区别就是用智慧做出较远的规划，动物没有规划，最多也是本能地储存食物的短期规划。人类，在规划中发展。幸福，在规划中实现。一个没有规划的人，等同于还没有进化。

幼年的您给了父母，父母为您规划安排了；

成年的您给了国家，党和政府为您规划安排了；

退休的您给了您自己，没有人为您规划安排了。

您想过有多少种生活选择吗？

您想过自己身体会有什么变化吗？

您想过您处境会有什么变化吗？

您想过您赖以生存的社会在发生什么变化吗？

您有应对意识吗，您做了应对准备了吗？

人生，用第一年龄段近30年去准备和计划，才进入第二年龄段，而第三年龄段30年比第二年龄段30年人生复杂得多，社会却没有教人们怎么准备，才能让第三年龄段生活得更幸福。

一、您想过您有多少种生活选择吗？

人生第一年龄，主要任务是学习，从幼儿园、小学、中学、大学（学士、硕士、博士），花费了近30年时间准备，为进入第二年龄打基础。

人生第二年龄，主要任务是工作，方向是社会规定的，选个好行业、找份好工作、成就一番事业、在服务社会中赚钱，成家养家、养教孩子、照顾长辈、创造家庭幸福生活，攀登社会大山——地位、权力、财富、荣誉，从中获得尊重、获得成就感、获得快乐、获得感情，还有就是为了第三年龄幸福快乐做准备。

人生第三年龄，主要任务是什么，退休了，还有30年要过，怎么能保证持续幸福快乐？生活内容到底是什么，怎么过？我认识一位社科院的老人，退休了，还不断发表论文，有人嘲笑他，制造那么多文字垃圾，但他活到了96岁。还有一位老年朋友，因多年前读了我写的《健康向您走来》一书（东南大学出版社），迷上了养生保健，整天研究养生保健，每天从一起床就开始保健，不喝酒，不吸烟，按时休息，有人嘲笑他是养生迷，他97岁了，春节给人打电话，说自己什么指标都正常，过100岁问题不大。还有一对老年夫妻，在老年大学学习书法国画30年，90多岁时，办了一次书画展，出版了一本书画集，有人嘲笑他俩30年就一种生活。有一天，我遇到一位70多岁的男性老人，用轮椅推着失能的老伴到处旅游，我问他为什么不待在家里，万一路上出问题了怎么办？他说整天待在家里守着瘫痪的老伴太难过，出来旅游，自己死在路上，什么也不管了。这也是一种生活态度。我经常路过一些小区，老头老太们整日树下或活动中心打牌过日子，更有人嘲笑他们混日子。

打牌下棋是享乐，琴棋书画是享乐，游山玩水是享乐，学习是享乐，工作和创业是享乐，做社会公益也是享乐……有人归纳老年生活有娱乐型、家庭型、学习型、健身型、公益型、研究型、创业型、混日子型等。退休了，社会和家庭硬性责任减轻了，时间上有更多的自由，可以不为生存活，而为自己想法活，为他人幸福活，为子女幸福活，为兴趣爱好活，为情感活，为思想活，为证明自己价值活，为怎么快活怎么活，为活得长而活……社会没有规定老年人应该怎样生活，需要自我选择，对照一下自己，想怎么活？

二、您知道您的身体会有什么变化吗？

（一）衰老，是确定的

未来更美好，不确定，未来一定会变老！是铁定的。60岁的人是体会不到70岁人的感受的，70岁的人是体会不到80岁人的感受的，80岁的人是体会不到90岁人的感受的，过去教科书上没有写过。随着年龄的增长，反应速度、精准性、耐力、力量、视力、听力、记忆力、认知能力、情绪控制力等逐渐下降，机体调节、保护、修复等机制下降，血糖、血脂、血压、血管斑块、微循环等身体多种指标开始不正常，生命风险性增大。

衰老带来的问题很多，例如，老年人容易跌跤，还容易被车撞。15年内，我身边有7位老人被车撞，3位被撞死了，4位被撞骨折住院，其中1位是我90岁的姑父。例如，我有1位姓陈的同龄朋友，自己是主任医师、教授，每天游泳锻炼，身体一直很好，有一天在路上后背酸痛，身边的另一朋友给他按摩不管用，怀疑是心肌梗死，他不相信，但是那位朋友还是叫了救护车，到医院被确诊，上了4根冠状动脉支架。例如，老年人记忆力下降是最普遍的，忘记关火、关水、关电器、关门等。例如，我在德国考察时，问一个从事几十年老年用品销售商什么产品经久不衰，他说老年纸尿裤，70岁以上的人长期用纸尿裤的比例很大。

随着年龄的增长，自理能力从逐步下降到丧失自理能力，每个阶段时间长短各人不一样。60岁时可能与50岁感觉没有什么区别，65 岁、73 岁马上就会发现很多身体状况的变化，73 岁以后病残率和死亡率大幅度上升，力不从心的感觉和生命危险信号时而产生。有人不服老，但身体衰老阻挡不了，很容易出问题。老年人身体的变化有三个阶段，活力期、明显衰退期、半失能和失能期，如何应对，您考虑过吗？

（二）病痛，短期确定，长期不确定不否定

死不了，活受罪，有可能。短期病痛，谁帮助您？急性病发作，如果身边有人，及时帮助，及时医治，还能再活 10 年或 30 年，身边无人，可能生命就少了 10 年或 30 年。这种事我见过多起了，您考虑过吗？还有长期病痛，折磨人生不如死，遇上了怎么办？不少人年轻时会说，生命要有质量，如果自己到了那一天病痛折磨，自己结束自己生命。在我近 40 年的老龄工作中，不可治愈的晚期癌症患者，80 岁、90 岁失去自理能力的老人，瘫痪在床上的病人，没有几个自己真正主动想结束生命的，就是最后一刻，也充满对生命的渴望和幻想。我刚做医生不久时，有位肝癌病人，癌细胞已经全身转移，恶液质了，对我说还想再试试，最后走时，我用听诊器听了一分钟他心脏跳动只有 20 次，但他还流着泪，目光中充满着对人间的期盼，那眼神让我几天都没能睡着觉，至今还挥之不去。

（三）失能，不能确定，也不能否定

一旦躺在床上，久病床前无孝子，甚或夫妻。要是失能了，靠配偶、靠子女、靠机构，您靠哪一个？如果靠机构，计算过吗？2030年，病残失能老人要井喷，那时您的存款能住得起养老机构吗？在我担任《老年周报》总编辑期间，扬州市有一位瘫痪在床的女性老人，写了一封长长的信，托人寄给我，诉说老公与保姆通情，保姆还污辱她，请求我的帮助。看到那信纸的皱褶和墨水浸印，就知道流了很多眼泪写的。我很长时间思考这个问题，找不到好方法帮助她。后来，我遇到多例这类事，但处理得比这个家庭好，如一位80多岁的老太把瘫痪的老公放在护理院，自己与一位丧偶的老王同居，相互照顾，但经常去看望老公。她们常邀请我去家里小酌，我只去过一次，我问老太，在美国的女儿知不知道她现在的生活，她说女儿知道，也默认，还送过老王礼物。

（四）痴呆，文明的表达叫失智，不能确定，也不能否定

痴呆没有尊严可言。半痴呆更可怕。我见过有位患者，有意识，能听懂，表达不出来，自己很着急，那是一种折磨。您看过痴呆老人的生活吗？想象一下，如果是自己怎么办，怎么防范，怎么早期发现和应对？许多老人不愿再学习和动脑筋，恰恰痴呆是赐给不动脑筋人的。有一位杨老师，是我年轻时的忘年交朋友，她与老伴是二婚，她老伴患阿尔茨海默病，但篆刻艺术水平仍然很高，我当时编《自我保健》报，她经常带老伴来找我，我让他刻什么字，就刻什么字，我帮他发表。杨老师在他身边，他就很安静，只要杨老师上厕所，一会儿看不到就急躁甚至狂躁。自己的两个孩子从来不管。杨老师在老年大学教课，他就站在教室门口。后来，杨老师把他送到养老机构照护，他晚上从窗子爬

出去，死在外面稻田里。他的孩子还把杨老师打了一顿。我让杨老师去法院起诉他孩子，杨老师息事宁人，认了。我身边还有位痴呆男性，老婆不敢带他外出，因为他随处大小便，害得老婆整天在家陪着他，您有这样牺牲精神的老婆吗？

（五）死亡，确定

死亡是无法抗拒的自然法则，许多人晚年时忌讳谈论死亡。优生，优活，要不要考虑优死？有一种生命教育观点，叫向死而活，我很赞同，把死的可能时间和路径都考虑到了，再考虑走向死亡的过程怎么活得更好。有的人突然死亡，没有任何准备。有的人几年躺在床上鼻饲，等死。我有两个朋友，父亲躺在床上两年，身上插了多根管子，他们说过同样的话，看着这样受罪，又活不了，真想拔管子和用枕头捂死。这是两位孝子的动念。我二姑妈是最爱我的人之一，三年也是这样度过，我每次去看她都心如刀绞。去世后，我感到她解脱了。过去没有先进医疗条件时，老人在家死亡，亲人在身边送行，老人把该交代的后事交代一番，死亡是安详的。现在老人死亡前身上各种插管，在 ICU 身边还不允许亲人陪同，更是在恐惧和无法自我作主中死亡。还一次一次打强心针和电击，折腾得死去活来，多活几天，多交几天昂贵的抢救费。我父亲就是这样去世的，每天 1 万多元抢救费，大头自费。我母亲最后十天是在难忍的疼痛中煎熬着，她宁可疼得全身是汗，咬着牙也不吭一声，怕打搅同病房的病人，怕我们子女心里难过。其实我看得很清楚，心疼又没办法。我让她躺在我怀里，对她说："妈，儿子无能，实在没有办法了"。她不坚持了，很快就昏迷了，再也没有醒过来。我舅舅走前相对好一点，他对我说只要不吃食物、不输营养液，就不痛，也没有不适，一输营养液全身难受和疼痛，他就要把输液管拔掉，后来我们听他的，走时还算是安详的。

越是使用好的医疗条件，越是被医疗技术折腾得"不得好死"。对于没有救活希望的抢救和医疗方案，个人能否提前为自己做主，有人提出抢救预立医疗计划立法，我很赞成。还有一些脑死亡病人，到底需要维持生命多久，也是可能遇到的问题。对有的人来说，死亡不知道哪天突然降临，遗嘱要不要考虑？有些老人突然走了，因为没有遗嘱，留给子女一堆难题。例如，儿子（或女儿）夫妻关系不和，正准备离婚，儿媳（或女婿）可以分到一半遗产。房产转卖还要另一方签字。如果遗嘱指定是儿子（或女儿）的，就是儿子（或女儿）的。尤其是重新组合的家庭，双方各有子女，如果死去的一方没有遗嘱，财产的继承，活着的一方继承较多，死去的一方亲生子女就会继承的较少。这是死者生前需要考虑的问题。

三、您想过您的处境会发生什么变化吗？

（一）长辈更老

当您老了，您的长辈更老了，90多岁的父母，认知能力下降，可能与您的代沟加大，很难沟通，或像孩子一样离不开您，甚至还有100岁父亲或母亲需要您生活照顾，等到高龄父母走了，您也需要别人照顾了。不少年轻老人，又要照顾第三代，又要照顾高龄父母，累得根本没有自己的生活。有的年轻老人照顾第三代，把高龄父亲或母亲扔下不管。您会怎样做呢？您要知道您的子女也会学的。

（二）长辈离开

您的父母虽然老了，但要知道，他们是这个世界上，对您最无私的、最亲的人，也是您最值得信任和报恩的人。能帮助长辈，有长辈可孝敬，是人生情感重要的寄托。我父亲在世时，我晚上回家，能与老父亲喝点小酒，聊聊天，是一种幸福。现在，缺少了这种生活，心里空落落的。现在生活比以前好了，每当过年，家里有好酒、好烟、好茶、好海鲜、好肉、好菜，想起当年艰苦生活的父母不能一起享用，心中总有一种说不出的酸楚。长辈在，帮您顶着生命的天，生命的终点离您还远，长辈离开了，下一个就轮到您了。

（三）家中又添新人

家中进了媳妇或女婿，怎么相处，需要学习、思考和适应，弄得不好，好好的幸福家庭一地鸡毛。添了第三代，子女照顾不过来，又没有足够的钱请人照顾，谁带？如果您带，将耗去您退休后最好的时光，关键是在带孩子过程中与儿媳价值观、认知、习惯不吻合，情感有距离，责任比带自己孩子大得多，吃力不讨好。您有没有其他愿望要实现，有没有人生还不甘心要做的重要事，如果与带孩子有冲突，怎么办？要早点作安排。

（四）子女疏远

子女工作太忙，没有时间陪您，您适应吗？子女到外地和国外工作了，您孤独吗？您落后了，这也不愿学，那也不愿想，子女与您无话可说了，您怎么办？有一天，与一位大学退休的校长在一起用餐，他说他过去工作的教研室，多位老师过去很自豪，经常谈论自己的子女在国外读博士，多么优秀，又在国外工作和入籍了，还晒子女的照片。现在，人老了子女不在身边，生活无人照顾，遇到困难子女也帮不上忙。所以，有人开玩笑说，孩子优秀，是为人类培养的。还有的老人因为再婚，子女疏远了，也是情感上很难受的事。

（五）丧偶

夫妻总有一人先走，铁定的事实。您考虑过吗？一方突然走了怎么办？有些深爱的夫妻，一方走了，另一方生活总是走不出来，很快就病了，甚至跟随其后。我曾经遇上一位很瘦小的男性老人，有退休金，还打两份工，白天在一家食堂干活，晚上去看大门值班。我问他为什么这么辛苦，他说老伴没有退休金，自己比老伴年龄大，自己肯定先走，要多为老伴赚点钱以后养老。当时老人的神态和所说的话，震惊了我，让我肃然起敬，感动的我眼泪都要出来了，不自觉地给他鞠了一个躬，说"真羡慕你老伴，她找了你，真幸福"。几十年前的事，至今那瘦小老人的神态和讲的话还历历在目。也有些老同学、老朋友圈中，有夫妻双方各走一方的，活着的相互知根知底，重新组合。还有相爱未成眷属的人，盼着所爱的人的配偶早走，这是爱情的阴暗。作家能想象的好事和坏事，现实中有过之而无不及。我一位熟人，临终前，让她的闺蜜和她老公在她走后结合在一起。他们后来过得很好。

（六）再婚

大多数老年人的再婚与年轻人初婚，是不是一回事？爱情，是性爱，是性荷尔蒙加爱情文化的产物。文化赋予了爱情美好的想象。老年人性荷尔蒙下降了，对爱情文化各人接受得可不一样。你相信爱情，别人可能相信钱。青年人有可塑性，可以为爱情改变自己。老年人活了大半辈子，早就定型了。性是肉体生活，遵循快乐原则；爱情是文化生活，遵循理想原则；婚姻是社会生活，遵循现实原则，把三者和谐地统一起来，是人类经久不衰的实践探索的主题。

我微信好友群里有位心理学家，叫周正猷，出版过多本婚姻爱情方面的书，他在微信群中经常发表观点，认为真正的爱情，是性爱、情爱、心爱三方面的结合，他说做了40年婚恋咨询工作，只有3%的人有真正的爱情。但是，他还是宣扬婚姻要有真正的爱情。人们常说"没有爱情的婚姻是不道德的婚姻"，如果按周教授的统计，97%的婚姻都是不道德的，这一理念或认知，否定了绝大多数人的婚姻，不切实际。我认为，周教授讲的爱情是婚姻的高境界，不是婚姻的唯一基础，是要努力创造的。

40多年前，我做社会调查，遇到过南京鼓楼黄泥岗一对老夫妻，家境贫穷，相互支撑，我去他们家看到他们就吃一点馒头和咸菜。有一天 96 岁的老太心脏停止了跳动，一个小时后，93 岁的老头心脏也停止了跳动，这是两个人身心合而为一的境界，是我一直认为和向往的爱情。但是，我为下属做过多次证婚人，我从不宣传爱情，我强调婚姻是男女双方用全部资产、资源甚至生命组合的无限责任公司。经营范围是赡养老人、养育子女、相互关爱共创共享幸福生活（现在赡养老人变为关爱老人了，养育子女许多婚姻不选择了）。婚姻需要具备责任、感恩、包容和尊重四项基本道德品质，任何一方不具备这四项道德品质，婚姻都是不稳固的或不幸福的。

　　老年人的再婚，我认为，是生活和情感上的相互依赖或交换的需要，比说不清的爱情更重要。老年人再婚择偶，建议首先要了解自己主要需要是什么，别人能否给予自己。其次要了解对方主要需要是什么，自己能否给予对方，自己能不能满足对方。第三，要了解对方基本道德品质，没有责任、感恩、包容、尊重基本道德品质的人是不适合结婚的。第四，要慢慢建立感情，产生生活和情感上相互需要和相互依赖再结婚或再在一起互助养老。有位富婆朋友常喊要脱单，我给她介绍一位很有生活情趣的小学退休老师，她一听小学老师，一口就回绝了，还认为我看低她了。其实，那么一把年纪了，曾经的社会地位对生活还重要吗？老年人再婚，子女问题、财产问题如何解决，都是要学习和研究的。青年人可以生孩子，靠孩子血脉相连。再婚老年人的孩子可不是对方的孩子，这方面的故事太多了。我一位朋友母亲与一老头再婚 10 年了，照顾老头，老头儿子媳妇也省心，后来老太中风瘫痪了，老头儿子、儿媳嫌弃她，他只好把母亲一人接回自家照顾（他们也嫌弃对方老头）。还有些单身老人，身体好时，游山玩水，一个人自由自在，随时想去哪儿去哪儿，享受生活，不想找伴，时间过得很快，一晃，过了73岁，生命危险信号经常出现，恐慌了，想找老伴了，这时风度、气质、活力、吸引力都下降了，还想找年轻的照顾自己，容易吗？当然，能够给对方足够的财富生活一辈子，相互交换满足，也能成立。我有位老年朋友，他与女方再婚，各自把房产都过户给子女，然后两人再结婚，退休金是共同的。现在更多的老年人采取互助养老方式，不走法律结婚程序，靠心灵的契约。

（七）离婚

世界上不是每个青年夫妻老来伴，有的夫妻吵了一辈子架，老了不吵了。可有些没吵架的，年老了过不下去了。年轻时工作忙，夫妻性格不合，在家忍着点，上班就忘了。退休了，大眼瞪小眼，三观不一致，性格合不来，就难处了，七十、八十夫妻过不下去的也不在少数，一方气死一方的也不是少数。与其折腾死一方，不如分家或离婚。婚姻的目的是为了幸福，不是为了婚姻而婚姻，婚姻稳定不值得称赞，婚姻幸福才值得称赞。老一代人要面子，不会选择离婚，以后的老人可说不准了。我见过一位退休的女性，与中风偏瘫的老公离了，我对她说别人在背后议论她，她毫不羞愧地说老头子过去就对她不好，她要抓住生命的尾巴，享受生活。过去的观点，宁拆十座庙，不拆一桩婚。我认为离婚不一定是坏事，也可能双方都能多活几年，这是有事实依据的。我有一个朋友的父母，都80多岁了，合不来，只好一个住养老院，一个在家照顾，父母都活到 90 多岁高寿。如果，两人捆在一起过日子，肯定活不了那么长。婚姻是门学问，需要学习。

（八）"二次退休"

有的人退休后，有专业能力，也有资源，会二次就业或创业。相信将来会很多。几年后，随着年龄增长，资源也没有了，能力也跟不上了，别人用您是要创造效益的，不要想着自己过去做过多大贡献，厚着脸不愿离开岗位，给别人增加负担，以后朋友都没得做了。退休后，创业成功了，自己更老了，谁来做接班人，子女不感兴趣，也不一定适合，需要早早培养接班人。自己身体不是青年人的身体，说下降就会下降，说出问题就会出问题，公司不能因您身体出问题而倒塌。

（九）同龄人减少

随着年龄的增长，同龄人不断减少，今年走了几个，明年又走了几个，自己排队在其中，有人心里也会恐慌，一有点不适就紧张。特别是高龄老人，经常在一起玩的旅友、牌友、歌友、话友、酒友、闺蜜、知己，一个一个走了，没人玩了。一个社会地位和人脉再牛的人，随叫随到的酒友、牌友、话友也不是那么好找的，如有要好好珍惜，他们能与您一起享受生活和消磨时间，也能互相帮助。有人反对酒肉朋友，那是功利思想在支配，对年轻人可能适用，对老年人来说，随着年龄的增长，酒肉朋友也会一个一个离去，有共同话题的人更是越来越少，活到 90 岁后，最大的问题是没有老朋友来往了，话题交流、情感交流没有对象了，这是高龄老年人产生孤独的最大原因。60多岁的人离世，告别仪式都很隆重，送行的老朋友一大批，90岁后离世就没有这个待遇了，没有老朋友送行了。老年人要趁早多交一些年轻朋友。

（十）离开熟悉的环境

子女在外地工作，您要去帮子女带孩子，或者年龄大了，子女不放心，要把您接到身边方便照顾，或者您一个人年龄老了，不得不住养老机构，不得不离开熟悉的环境，人地生疏，要学会与陌生人打交道，建立新的朋友圈。

（十一）孤独

孤独是很多老年人的大问题。遇到难题无人商量，遇到困难无人帮助，思想和情感无人交流，快乐无人分享。孤独有两种情况：一是心理的孤独。有人天生性格内向，就是心理孤僻的素质。有人认为自己性格不会孤独，我见过不少老年人，年轻时天生是开朗性格的人，随着年老和健康变化，可能与内分泌和环境变化有关，变得孤独、孤僻，甚至患抑郁症。二是社交的孤独，有人不愿与人来往，或别人不愿与他来往，也有人心理很强大，思想很丰富，曲高和寡，也不愿与俗人来往。身体好，独来独往可以，高龄了，身体会出现危险，独来独往会出事。这类人如果身体有问题，又没有应急求助配置，往往死在家中多日无人知晓。全国发现一例最长的死在家中七年无人知晓。现在这一代老年人，是独生子女老人，有些是失独老人，人生最后生活孤独是难免的。韩国百岁老人金亨锡在他的书中写道"人过了九十，最让人难过的不是日益老去，而是无处不在的孤独感，是所有人都离开了，只留下我一个的空虚感。子女都有自己的路要走。朋友们逐渐没了消息，相继离开这个世界。"多交朋友、多交年轻朋友、保持健康的身体和心理，对独居老人十分重要。

（十二）角色单一

以前是儿子、父亲、爷爷，领导、下级、同事、朋友等多种角色的集合，随着年龄的增长，这些角色期待和角色责任都渐渐消失了，个人角色集，趋向越来越单一，最后，留下一个躺在床上增加别人负担的角色，或没有角色的角色。

四、您想过您所赖以生存的社会在发生什么变化吗？

本世纪初定义 21 世纪是后工业化时代、全球化时代、信息化时代、老龄化时代。现在全球化时代，还表现为全球化与逆全球化冲突。现在的信息化时代，表现为信息化、互联网、人工智能时代特征，对老年人生存最大的影响是老龄化时代和信息化、互联网、人工智能时代。

（一）老龄化时代

我们生存在人口老龄化社会，人口学、社会学、经济学、政治学都会用数字表述。普通人没必要读那么多数字、记那么多数字，但要明白三件事：一是老年人越来越多，占总人口的比例越来越大，将会大到三个人中就有一个老年人，劳动力所缴纳的养老保险金可能不够支付老年人的退休金和没有那么多的年轻人照顾老年人。二是老年期越来越长，长到可能超过三十年，未来三十年怎么过？三是中国这代老年人是独生子女，未来老了，是指望子女，还是靠社会，还是靠自己？政府未经历过，文化和教育也是空白（见图19）。

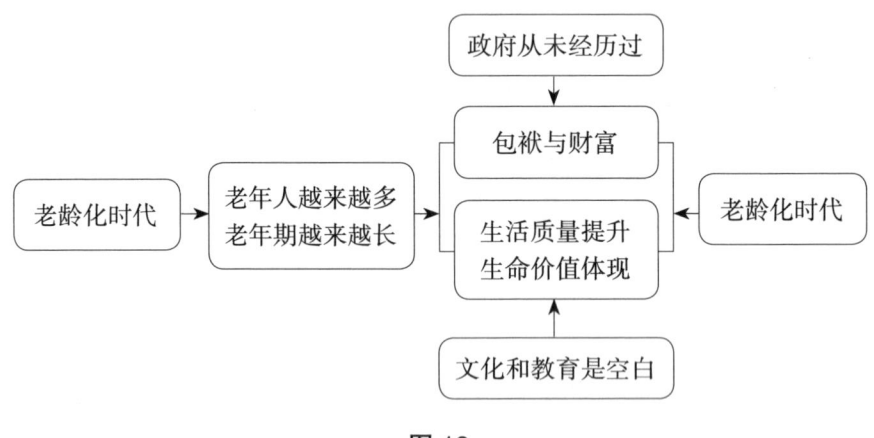

图 19

现在的高龄老人很幸福，未规划、未准备，不用学习、不用进取，即使胡搅蛮缠，也能活得很好，因为有多个子女孝敬、照顾和应对。我父亲85岁去医院就诊，我们一个晚辈开车、一个晚辈挂号和取药排队、一个晚辈推轮椅陪他说话。我经常在医院门口看到，两个晚辈才能把老人从车上抱到轮椅上，有的体重高的老人，三个人才能抱动。

1978年计划生育作为国策实行，全面落实独生子女政策，一直到2015年生育政策宽松，共实行了37年。即1978年20岁（1958年出生）开始进入育龄期的女性和2015年45岁（1970年出生）失去生育能力的女性和稳定的家庭，基本上都是独生子女。从2018年60岁退休，到2030年72岁，进入病残率、死亡率高发期，大批半失能、失能、失智老年人指望不了子女照顾，社会照顾将进入井喷期。我估计这批独生子女高龄老人的社会照顾问题要持续到2050年。

老龄化时代带来一种希望，首先，基本生存问题解决了，才进入老龄化时代，人们不用为基本生存拼得你死我活；其次，庞大的老年人群体生命接近尾声，对功利开始看淡，因此，更能帮助人们思考生命的意义和人类的未来，将有利于修正人类发展的轨道。

从2018年开始退休的人，高龄时，将没有他们的长辈好运，不规划、不准备、不学习、不进取，将不得优死。

——这是一位从事40年老龄工作者说的，就是我。

★ 赘述人口老龄化挑战与对策

1982年，联合国在维也纳召开首次"老龄问题世界大会"（联合国第37届大会）。大会通过的《老龄问题国际行动计划》把老龄问题描述为"人道主义"和"社会发展"两个方面问题。1991年联合国召开第二次老龄主题大会（联合国第46届大会）上，就相关老年人道主义问题，通过了《老年人原则》：独立，参与，照顾，自我充实，尊严。关于社会发展问题，联合国提出了"建立不分年龄人人共享的社会"主题。用我们的语境讲，老龄问题包括两个方面，即由人口老龄化带来的老年人群体生活保障及其提升的问题和对社会发展的影响问题，两者是交织在一起的。老龄化两个不争的趋势摆在我们面前：一是老龄人口占比快速增长，数量庞大，趋向总人口的1/3；二是老年生命期愈来愈长，趋向生命期的1/3。1/3老年人口是包袱还是财富？1/3生命期如何度过？是摆在这个时代的政府、社会和个人面前的主题。另外，独生子女政策，家庭少子老龄化和高龄化，也是一个特征。据全国和各地的数据，我国城市空巢率超过50%，农村老人空巢率超过40%。预计到2050年，我国独居和空巢老人将占老年人口54%以上，临终无子女的老人将达到7900万人。

人口老龄化带来多大挑战？2000年8月《中共中央 国务院关于加强老龄工作的决定》中指出"老龄问题涉及政治、经济、文化和社会生活等诸多领域，是关系到国计民生和国家长治久安的一个重大社会问题。"2021年11月《中共中央 国务院关于加强新时代老龄工作的意见》指出："有效应对人口老龄化，事关国家发展全局，事关亿万百姓福祉，事关社会和谐稳定，对于全面建设社会主义现代化国家具有重要意义"。《老龄社会的革命》一书中说人口老龄化是"在根本上影响国计民生、民族兴衰和国家长治久安的重大结构性、战略性、全局性问题。"

从社会经济角度看老龄化带来的主要问题有：养老金的负担加重，医疗费用飙升，老年抚养比增长，社会和家庭矛盾变化，劳动力结构变化，储蓄结构变化，消费结构变化，产业结构变化，投资结构变化，等等。

从老年人角度看老龄化带来的主要问题有：老年人经济、健康、服务保障和文化生活、社会价值体现等期待值日益增长与经济社会发展不充分不平衡的问题，病残者增多及自理能力下降与社会服务能力不足的问题，少子高龄化与服务人员短缺的问题，421家庭结构与家庭功能变化的问题，独居老人增多尤其是高龄女性单身老人多与如何解决孤独和突发意外死在家中增多的问题，失独和子女伤残老人增多与如何精神关爱的问题，农村老年人增多与农村社会公共服务保障和设施相对城市较落后的问题，"上有老下有小"老人（上要照护85岁以上老人，下要照护第三代）增多且压力增大与如何帮助他们的问题，代沟加大与如何沟通和相互理解问题，等等。

宏观上，应对人口老龄化或解决老龄问题基本战略，国际社会提出健康老龄化和积极老龄化，我国又提出和谐老龄化。

——健康老龄化战略。指延长人的身体健康时间，使老年人健康和独立生活的寿命更长、生命质量更高。老年人只要身体健康，不需要人照护的时间越长，临终需要照护期越短，老龄化的社会负担就越轻。政府实现健康老龄化的重要路径，在于健康教育，提高自我保健能力，做好疾病预防。

——积极老龄化。指使老年期的老年个人价值的充分挖掘和体现，老年群体更好地推动社会进步和发展。政府实现积极老龄化的路径，在于构建积极的养老文化，赋能教育，给老年更多的社会发展空间和机会。

——和谐老龄化。指老年人和年轻人的和谐，构建代际共融、共建、共享的社会。政府实现和谐老龄化的路径，在于构建代际和谐文化，教育引导、发展老龄产业和营造老年人社会参与的环境。

应对人口老龄化，老年人主要是通过学习提升、生活消费、有所作为的路径，提高生活质量和生命价值（见下表）。

主体	路径	目标	备注
政府	保障＋文化＋教育＋制度＋产业＋平台	健康老龄化 积极老龄化 和谐老龄化	教育改变观念 教育提升素质
老年人	学习＋消费	生活质量提升	教育引导消费
	学习＋有为	生命价值体现	教育赋能作为

（二）信息化·互联网·人工智能时代（以下简称信联智时代）

信联智的本质，是信息智能技术、产品、工具、设施构建了具有覆盖全部生活和社会运行的强大功能的平台和新的社会生态。包括信息采集、接收、储存、加工、输出技术，计算机、移动智能终端、物联终端、大数据云储存和云处理中心、输入和输出设施等。关于信息化、数字化、互联网、移动互联网、物联网、大数据、智能化、人工智能、5G、云端、智慧云、区块链、元宇宙等概念，都是信联智生态内涵中，侧重于某个性能方面的表述。

信联智生态的主要特征，一是跨时空快速连接：需求与供给、控制与被控制、整体要件、产业链、流程、人与机器、人与智能、人与人群、事件与人群等连接，连接一切。二是海量大数据存储和处理：海量信息采集、接收、储存、处理、输出、交流（互动）等；三是智能运算：代替和超越单个人和一群人的大脑思维处理各种问题，具有体量巨大、速度迅速、智慧集聚、性能稳定等特征。

信联智生态冲击和改变生活、工作、生产、社会管理方方面面，例如已经使用的如下功能：

搜索——资讯查询和问题解答，有百度、知乎等平台，不需要我们死记硬背，甚至不用去图书馆。

交流——朋友联系与互动、网上交友，有微信、QQ、抖音等平台，直接千里随时来相会。

支付——不用身上带钞票，有支付宝、微信支付平台，不会手机支付，甚至无法消费。

购物——可网络上购物，有很多购物平台，不用出家门送货到家。

交通——可交通查询、网上购票、网约打车、网络导航。

就医——有挂号、病历储存、健康码、急救处置、网上医院等。

求助——可通过网络平台寻找服务和呼救。

住宿——出游、旅居、动态养老可网上订房。

办事——政府办事网络平台智能化，不用本人去政府部门即可办理。

安全——网络监控。

自媒体运用——人人都可成为记者、总编、主播、演员、导演、广告宣传员和带货推销员。

还有生命体征远程监管、远程专家系统服务、自我智能系统使用、设备器具遥控和自动化、机器人陪护……

未来将有更多的新功能产品出现，尤其是人工智能（AI），例如，无人驾驶汽车已经问世，让您不用驾车技术，就可以驾车。chat GPT 问世，可以陪伴您回答各种问题，帮您创作各种文案、图案和方案。在生命科学技术领域，AI 医生已经问世，不仅汇集所有的医学专著、论文和案例，还有自我学习能力。美国 IBM 公司推出的"沃森"（watson）已经应用于医疗领域，能为医生提供更权威的医疗方案。我国中医 AI 系统也开始应用，根据人的病情辨证施治，比普通医生水平高和稳定得多，不会像医生工作因状态变化而不稳定。生命科学技术已经显示，可以通过量子扫描、雷达波等技术，采集人的活动信息和生物场变化信息，再经过大数据运算，及时对人体健康状况进行成像评估，以便及时采取干预措施。未来许多医疗检测设备，将很少被使用。未来，身体任何部位刚刚出现问题，甚至觉得身体有什么不适，能量医学技术即可随时随地进行干预或纠偏，真正实现治未病或无病境界。基因修改技术的突破，将使生命真正得到延长，甚至让人有依据地想象到进入不死的境界。

您有积极适应这个时代的意识吗？

第二节　生命幸福规划：理念的选择

理念，是行事前，头脑中已经有的行事态度、倾向、看法、原则和指导思想，它是由一个人的生活经历、文化背景、所处环境、价值观、信仰等因素决定的。生活，理念先行，有什么样的理念，就有什么样的愿望、什么样的思想、什么样的行为，理念贯穿愿望、思想、行为的全过程。奥运会的理念——奥林匹克精神：更高、更快、更强，不适合老龄化社会的老年人。人们提出的生活理念很多，有些理念是值得认可的，如更健康、更快乐、更长寿、更智慧。有许多消极的理念，例如，人在宇宙中那么渺小，历史上亿年长河中那么渺小，多您一个少您一个没有谁在意，过一天是一天吧。我不敢苟同一切生命存在都有他存在的意义，蚂蚁都为它的存在认真地活着，人为什么没有意义？再例如，凡事要糊涂，弄那么明白干什么？我也不敢苟同。"要明白"是自然赋予人类超越一切动物属性的能力，为什么非要把自己降低到动物属性？我虽然反对这些理念，但尊重别人持有各种理念的自由。以下是我赞同或我提出的理念，仅供参考。

一、面对当今时代，要珍惜今生

今天的时代，是五千年来难逢的最好时代，生活基本有社会保障，老年生命还可以延续30年，被限制的时间最少，有更大的时间和空间自由选择做自己喜欢做的事。努力创新第三个1万天，努力增加第四个1万天。从佛教角度，成为人，是前世不容易修来的，成为今世的人，更是前多世不容易修来的，要好好珍惜，好好修持。

二、面对衰老现实，要重视健康

老年阶段生命风险系数增大，并形成能力正常、能力衰减、失去自理能力三个阶段。要充分把握老年能力正常的第一阶段，积极应对第二、第三阶段。要充分延长能力正常时段，如注重养生保健，机体失调要及时调整，防范跌跤风险等。要充分挖掘能力正常阶段的价值，如再提升、再就业、再创业，趁能力正常时候出国游、远程游，趁身体好的时候帮助子女带第三代等。要为能力受限和失能照护做好应对，如购买保险，选择交通、医疗、离孩子较近的适合的居住环境，选择适合的养老机构等。

社会上流行"以健康为中心，生气少一点，生活潇洒一点"理念，切合老年阶段身体状况。健康为中心，是因为，身体机能退化，风险系数增高，随时可能病倒或终止生命。所以，一定要以健康为中心。生气少一点，是因为，老年人和年轻人有一个区别，年轻人的身体内分泌的波动，精神难以驾驭；老年人是情绪的波动，身体难以驾驭，而生气情绪是最有害身体的，许多老年人因长期生闷气，患癌症，或一时动怒气，脑出血。生活潇洒一点是快乐生活态度。老年人就是再参加工作，寄托快乐也是第一位，赚钱是第二位，不快乐就换个角色、舞台干。

交流一下我针对身体的衰老给自己的养老理念：生活有追求，做事压力小，承担责任轻，时间有弹性，做自己喜欢做的事。所以，我陆续辞去多个组织法定代表人，做顾问、做督导、做参谋，有得力助手时也可以选择一个最重要工作做法定代表人，减轻压力和责任，时间有弹性，不要太紧张。过去与人约会，准时准分，从不迟到；现在事先告诉别人，给我半小时弹性。过去当天的事，不留到明天做，按时完成任务，现在累了不想做了就明天再做。

三、面对已经拥有，要不知足

不知足，才产生美好的愿望，愿望是人类进步和个人进步的动力。愿望和规划是人与动物的重要区别之一。知足常乐是吗啡，一时很舒服，但毒害个人，阻碍社会进步。知足常乐，如果成为一个个人的理念，个人必将被社会淘汰；如果成为一个企业的理念，这个企业必将被市场淘汰；如果作为一个民族的理念，这个民族必将会被世界淘汰。为了提高幸福感，许多人把"知足常乐"作为了一句至理名言，麻醉自己，批评别人贪心不足、好高骛远。这种思想对民族和国家而言是有害的。当然，知足常乐，可以用于个人对物质利益的追求。想得到虽是烦恼，但可以追求，没有什么想得到，无所追求，会产生更大的烦恼。有梦才有动力，有希望才有美好。人一半是活在希望中的。19世纪法国著名作家大仲马写过一部很有名的小说叫《基督山伯爵》，书中结尾有一句名言，人类的全部智慧可包含在两个词里——"等待"和"希望"。就是不知足，就是在希望中生活。给生命以时间，给时间以生命，有愿望追求，生命的时间才有意义。

四、面对人生成败，要不负使命

您今天所拥有的一切，都是为您下一段人生使命的铺垫。如果说一个孩子出生有什么基因、什么家庭、什么环境，是成就他未来与别人不一样的命。您现在拥有的一切，是成就您下一段人生与别人不同的命。要充分发挥自身条件和资源的延伸作用，用经济学术语，即盘活存量资产。例如，您的专业能力是否还领先，您是否有风险投入的闲置资金，您的人脉资源有什么优势，您的经验和素质是否适合您将要做的事，您的身体条件还允许您挑多少年重担，您的家庭是否支持您等。

本人反省，我前30年学习成绩中等，多次考研究生，下的功夫不少，外语一次比一次考分低，父母没有给我学外语的智商，但逻辑学读三天书能考80分。中间30年比别人有更好的做官和发财机会，20多岁就在多个省领导家串门，没有做多大官；30多岁一天就赚过几千元，没有发财。因为，父母是教师，从小传授我的文化是与当官、赚钱素质要求相悖的。一切个人无法改变的东西都是命。但是，对我来说，不论是家庭教育、个人价值观、所读过的书、个人素质尤其是个人经历（做过农民、工人、教师、医生、公务员、总编辑，企业、事业、社团、民非单位法定代表人）都适合为老年人服务，适合做老年事业。一个人要发现自己的命，认命，是一件很难的事，我活到退休了，才知道自己适合做什么。既然天命赋予我这么好的条件和资源为老年人服务，我要不负使命，随命而为，继续努力。

五、面对岁月增长，常怀年轻心，做点年轻事

人有岁月年龄、生理年龄、心理年龄和社会年龄。岁月年龄是不可改变的。生理年龄因各人生长和老化速度不一样，养生保健可以减慢生理年龄的老化，预测未来抗衰老技术进步，可以改变人的生理年龄。心理年龄是自己可以把握的，只要常怀年轻的心，就可以永葆心灵年轻。社会年龄是社会的一种共识，什么年龄做什么事，上学年龄、婚恋年龄、工作年龄、退休年龄等。

20世纪，有位德裔美籍人塞缪尔·厄尔曼，写了一篇《年轻》的短文，很轰动，许多年老的人把它作为座右铭，我把它做些修改，分享给大家。

年轻，并非人生旅程的一段时光，而是心灵中的一种状态，是头脑中的意念，是生命中的创造潜力，是生活中的饱满激情，是人生春色深处中的勃勃朝气。意味着不惧岁月、胸怀追求，学习进取，敢想敢做，超越怯懦和世俗的胆识与气质，而60岁的人可能比20岁的小伙子更多地拥有这些特质。岁月可以在皮肤上留下衰老的皱纹，却无法为灵魂刻下一丝老化的痕迹。忧虑、恐惧、缺乏自信、弱智才使人佝偻于时间的尘埃之中。无论是61岁还是16岁，每个人都会被今天和未来的美好所吸引，都会对人生、社会和自然界的变化，怀着好奇、渴望和欢乐。在每个人的心灵深处，同样有一个智能接收机，只要它不停地从人群中、网络中、无限的时间中，接收美好、希望、欢欣、勇气和力量的信息，就永远年轻。一旦这个智能接收机丢失了，心灵便会被悲观失望和玩世不恭的寒冷酷雪所覆盖，人便衰老了——即

使只有 20 岁。但如果这个接收机一直捕捉着每个乐观向上的信息，人便有希望超过 80 岁依然年轻。现代人心理年龄比岁月年龄普遍小 10~20 岁。千万不要动不动就说自己老了，错误引导自己！

年轻的心就是力量，有年轻的梦就有未来。

我们自己至少可以让心理年龄和社会年龄再年轻 20 年。

一是常怀年轻心：有美好愿景，有提升意识，有成功渴望，有爱情冲动，有生活热情，有挑战勇气，不畏困难，不惧岁月，不落俗套，不被束缚……，为什么老年人喜欢回忆和讲述年轻时得意的事，那是激活年轻时细胞的兴奋状态，是一种生理健康调节的需要。

二是做点年轻事：加强学习，提升素养，适当工作，融入社会，参与社群，交友互助，展示自我，享受生活，找点刺激，外求认可，内求快乐……例如，重新体验年轻时的生活，选择性体验能够承受的年轻人的生活，融入年轻人生活。

我过去工作过程中有三位老领导，一位活到 99 岁，一位活到 93 岁，一位 95 岁现在还耳聪目明，思维敏捷。他们七十、八十岁时每周都要找我们年轻人开会，一开几个小时还精神抖擞，我们精疲力竭。我觉得奇怪，老年人怎么那么精力充沛？有一次，一位省老领导找我聊天，另一位省老领导来找他，他说"我与小牛谈工作，抽时间我们再约"，把那位省老领导支走了。其实，我们根本没谈工作。那位省老领导走后，他对我说"他们都老了，老生常谈老事，没意思，与你们年轻人聊天很开心"。我当时很感动领导那么看得起我。现在自己老了才知道，与年轻人在一起，年轻人的活力场，包括充满活力的思维、语速、语音、气息、多种生命信息和关注的事情等，对老年人身体状态影响很大，尤其是老年男性与年轻姑娘、老年女性与年轻小伙子在一起就来精神。老年人一定要交些年轻朋友，通过帮助他们、雇佣他们、与他一起合作等途径，融入他们。这是一种抗衰老的有效方法。不过老年男性与年轻姑娘在一起时，要注意文明，要注意自重。有一次，我给护工培训班讲课，有护工问我："老师，有些男老人总爱摸女人屁股和手，耍流氓，很恶心，怎么办？"我说"这是人性作怪，人老了，控制力差了，把他们当孩子吧，打那伸出来的手，不要太重，让他们听话，把手放回去。"她们都笑。

　　这里强调一下，常怀年轻心而不是保持年轻的心，做点年轻事而不是都做年轻的事。不是让您真的不服老，还以为自己真年轻，与年轻人一样做事，而是，承认衰老，在衰老的过程中，不完全丢失年轻的心，不超越身体的承载力，做点不分年轻和年老都能做的事，不能做的事，还是不要做。例如，我每次到游乐园，看到过山车，看到别人坐过山车和听到发出的声嘶力竭的叫声，我就兴奋，忍不住想坐，但是，我知道自己这辈子身体都承受不了了。工作也是这样，自己难以承受的工作就不要再做了。

六、面对人生价值的变化，在价值提升中实现幸福提升

　　老年人的价值与年轻人的价值有变化。对人的价值研究，是哲学研究的主要问题。哲学研究及其语境，云里雾里，一般人不

易看懂，什么价值内涵、价值意义、价值本质、价值体系、价值表现、价值判断，潜在价值、显在价值、历史价值、未来价值、价值转换等。实际人的价值有三个空间，即市场交换、仁爱传递和权力强制。每个普通老百姓每天都在以自己的价值观引领自己的思想和行为。价值的逻辑起点，是对我有用就有价值，用处大，价值就大。如食物、住房、汽车。判断人的价值时也是这样，这人对我有用，就有价值，用处大就价值大，没有用就没有价值。但是，人与食物、住房、汽车不一样，既是价值判断的主体，他对您有没有用；又是价值判断的客体，您对他有没有用。这对矛盾，哲学家一直未能很好说清这两者的关系，以致教育一方面鼓励无私奉献，一方面鼓励促进经济发展，相互矛盾。人有需求是本性的驱动，人要付出是社会的要求，只有社会要求，没有本性驱动的对应，是难行得通的。必须有需求、付出以及交换机制的支撑，否则，只有出，没有进，是不成立的。因此，形成了市场交换空间。老百姓对人的市场价值把握得很好，用一句通俗的话和通俗的行为来讲，就是"会挣钱，会花钱"。会挣钱，说明您对别人有价值，别人要购买您的服务和产品；会花钱，说明您对别人也有价值，别人服务和产品有地方卖。用中国哲学阴阳和合定律来解释，就是挣钱与花钱相互依存，相互转化，挣钱为阳，释放能量服务他人；花钱为阴，积累能量滋养和提升自己；自己滋养和提升好了，才能更好地服务他人。这是个人本性满足与社会文明进步的相互统一。一个只会赚钱，不会花钱的人，或只会花钱不会赚钱的人，只体现了一半市场价值。如果，人人只会花钱，或只会挣钱，是不能实现社会经济循环和发展的。一个既不会赚钱，又不会花钱的人，没有什么市场价值。古代文化有赞美"视钱财为粪土"的人，又有赞美"君子爱财，求之有道"的人，财不离道，聚之有道，用之有道。一个人视钱财如粪土，怎么会赚取钱财呢。尊重钱财，才能赚取和善用钱财。但在实际中，也有赚钱和花钱覆盖不了的空间。因此，社会建立了另外两个空间，即仁爱传递和权力强制的空间。小孩、病人、残疾、失能等弱势群体，需要仁爱关爱和扶助，实现延期交换和延伸交换的价值循环。贪婪、邪恶、野蛮等破坏行为需要权力控制，为价值交换和生存自由提供保障。

  人的价值既体现在市场交换空间，也体现在仁爱传递和权力强制两个空间，推动社会文明进步。关于公益和慈善，应是对财富（阴）过剩的人将财富转化给社会（阳）的一种循环形式（阴消阳长），是阴阳和谐的方式。而一些财富（阴）不足的人，应该以阳补阴，提升和补足自己。恰恰有一类穷人，热衷于去做慈善和公益（耗阳），没有足够的物质基础（阴）转化为能量（阳），是做不长做不大的（耗阳伤阴），积不了大功德。不断地提升自己的智慧和财富（阴的增长），同时，不断地为社会做更大的贡献（阳的释放），两者循环中上升，才能成大愿，积大德，功德无量。在权力强制空间，有文化认为权力是肮脏的，充满交易，实际权力是制约人性贪婪、邪恶、野蛮等行为最有力的工具，是众生需求满足的最有力的保障，权力的行善，远远大于个人施舍的行善，拥有更大权力，可以积更大的德。许多老年人已经退出政府权力岗位，但是仍然可以为权力制度的完善作出贡献。

第三节　生命幸福规划：目标任务的选择

自我规划人生，设定生命的目标任务并努力实现，可以体验到"我的人生我做主，自己的幸福自己创造"的成就感。同时，可以更好地避免迷失在生活的道路上。

国家经济社会发展规划，有总体规划和经济、文化、教育、保障、环境、城市、农村、老龄、妇儿等各种子规划组成，人生幸福规划也类似，应由总体规划和学习规划、健康规划、经济规划、发展规划、家庭规划、情感规划、照护规划、善举规划、死亡规划等具体的规划组成，不必像国家规划那么多、那么复杂，只要有目标任务和一些行动方案想法就可以了。这里主要探讨退休后幸福规划的总体规划。

生命幸福规划的目标，不是1~2个目标，而是一个目标体系。制定目标我们常说要有远期目标和近期目标，近期目标根据远期目标制定。切合实际、有把握实现的远期目标指标是很难制定的，因此，定为总体的目标取向更确切。近期的目标和具体要完成的事，称为目标任务。确定了总体目标取向后，再围绕目标取向确定目标任务，再确定如何实现。

一、幸福目标取向

我倡导人生最高目标取向，攀登三个高峰，即事业的高峰、思想境界的高峰、生命的高峰。各人条件不同，所能攀登的高度，是不一样的。所以，只能说是目标取向。

（一）事业的高峰

个人的行为无非为自己和为他人。个人能对自己做的事有生存、发展、享乐，进一步说即生存质量提高、潜能开发和自我完善、心身健康快乐，往往不被当作事业，而为他人做的事被当作事业。这里借用事业一词，指为自己以外的人所做的一切及其贡献。当然，个人生存、发展、享乐与为他人所做的一切是分不开的。事业的高峰是用社会主流价值观对个人为他人所做的一切的高度的评价。如对家庭的贡献、对他人的贡献，对单位的贡献、对社区的贡献，对社会的贡献，对民族的贡献，对国家的贡献，对人类的贡献。相应合情合理合法所获得的地位、财富、声誉、尊重都是衡量一个人事业高峰的一个侧面，但本质是贡献内容的大小，与外界的给予和评价并不一定完全对应。对于智者，自己对自己的评价应当更准确。

（二）境界的高峰

孔子分步攀登了境界的高峰，五十而知天命，六十而耳顺，七十而从心所欲，不逾矩。孔子是否达到思想境界的高峰，不清楚，但思想境界高峰的心理状态就是孔子这种心理状态。冯友兰先生把人的境界分为四个境界，这里借用一下，加点自己的理解：一是自然境界。小孩子像小动物一样，生物本能驱动，自己想干什么就干什么，饿了要吃，困了就睡。二是功利境界。在乎得失，在乎输赢，在乎物质，在乎权力，在乎成功，大多数人在这个境界。三是道德境界。对社会的认识加深，对人与人相互依存认识的加深，对生活中人的爱加深，懂得了自己获利不要伤害他人，什么应该做，什么不应该做。得失心就没有那么重了，输赢心也没那么在乎了，操守和良知更重要，愿意失去，为了坚守自己的操守和得到心中的良知，功利境界的人很难理解。四是天地境界。真正理解和把握了天地自然之道，知道该做什么，不该做什么，什么时候能做什么，不能做什么。虽然，该吃吃，该穿穿，该赚钱赚钱，该掌权掌权，该得名得名，但知道每件事与天地自然之道的关系，心中有道，把握有分寸。得失多少，成败多少，名大名小，不喜不悲，愉悦于与天地之道的无限接近。顺其自然，随运而为，随命而安。孔子做官的时候认真做官，没官做了认真教学，有钱学生多收点学费，没钱学生送点腊肉也行。庄子的和光同尘，心中明亮，在尘世中生活，也是境界的高峰。人们常说的"宠辱不惊，看庭前花开花落；去留无意，望天上云卷云舒"是一种对人事、对社会冷漠的豁达和洒脱，没有达到思想境界的高峰。

（三）生命的高峰

一切生命都追求健康长寿，人类还追求全体平均寿命的健康长寿。关于生命应该活多少年，基本共识是可以活到100岁左右，一是科学论证，二是百岁老人数量每十年翻一倍。但是，现在生物基因工程的研究和进展，给人们带来了突破百岁、150岁甚至永生的曙光。所以，我们的生命高峰的目标取向，是活到那么一天。我认识的南京大学郑集教授、南京中医药大学干祖望国医大师等活过百岁的老人，都是靠自己的自我养生保健达到生命的高峰。

★ 赘述："攀登"人生三个高峰"

在迈向长寿的21世纪，追求生命质量的时代，健康百岁令人向往。我从事老龄工作几十年，曾主持过全省百岁老人调查，也直接拜访过几百位百岁老人，但华夏五千年历史中最令我钦佩的百岁老人是唐代的孙思邈；在我接触过的百岁老人中，令我最钦佩的是南京大学郑集教授。2000年5月18日，我有幸应邀参加南京大学郑集教授百岁华诞庆典，很受教育，有感而起，故给自己提出攀登人生事业、生命、思想境界三个高峰的目标取向。

唐代孙思邈大夫的医学著作至今还服务于社会，可谓攀上了事业的高峰。他是靠自我科学养生活到102岁（也有说141岁），不是糊里糊涂碰巧活到百岁的，可称是攀登上生命的高峰。他有一句话已成为从古到今流传的名言——寿夭休论命，修行在各人。他的思想境界从他书中可以看出，也是较高的，如提出"人命至重，有贵千金，一方济之，德踰于此"。为了强调这一观点，他把自己著作定名为《千金要方》和《千金翼方》。他也是第一个完整论述医德的人，他说："凡大医治病，必先安神定志无欲无求，先发大慈恻隐之心，誓愿普救含灵之苦"。他认为做一个医生必须具备高度的同情心和责任感，急病人所急，想病人所想。在遇到危重病人时"勿避崄戏，昼夜寒暑，饥饿疲劳，一心赴救，而不得瞻前顾后，自虑吉凶，护惜身命"。他还说："若有疾厄来求救者，不得问其贵贱贫富，长幼妍蚩，怨亲善友，华夷愚智，普同一等……"。

当然，对古人的实际行为我无法直接感受，但今人郑集的言谈举止让我深受感动。

郑集教授是我国老一辈的生物化学家，是我国生物化学、营养学及抗衰老生物化学的重要奠基人之一。他是科学家，也是教育家。他1900年生于四川省南溪县，先后获中央大学学士、美国俄亥俄州立大学硕士、美国印第安纳大学博士。他1934年创办了中国科学社南京生物研究所的生化研究室，1935年在中央大学医学院创办了生物化学科，1945年创办了我国教育史上第一个国家级培养生化人才的生物化学研究所。1957年在南京大学创办了生物化学专业，1985年改建为生物化学系，培养了生物化学大批本科生、硕士生、博士生及进修生。他编写了多种生化教材和专著。高龄时，还继续培养硕士生和博士生，完善再版《普通生物化学》教材等著作，继续从事抗衰老生物化学研究，提出了抗衰老的新理论和具体实施方法，受到国内外的好评。90多岁后仍然孜孜不倦埋头于科研，服务于科研。在科研和培养人才两方面都可称是攀登上了事业的高峰，他自己攀登上生命百岁的高峰也是他抗衰老研究的重要成果之一。关于郑集教授攀登上事业和生命两个高峰，这里就不再赘述了，就我所了解的郑集教授攀登上思想境界的高峰，举几个例子：

（1）我在江苏省老龄问题委员会工作，每年要举办一次高档次的春节慰问会，请一些省级领导、老干部、社会知名老人参加。我记不太清了，大约在1990年春节前后，我们去郑集教授家邀请他参加慰问会，他说他已90多岁了，人生时间不多了，手上有很多事要做，不能浪费时间，感谢我们的好意。我的同事说："这次会议省委书记都要来，规格很高！"他还是婉言谢绝了。但举行抗日战争胜利50周年纪念会和香港回归庆祝会，他来了，而且还在会上作精彩的发言。还有，邀请他讲学，他一般都乐意接受。

（2）1997年的春节前，一名受蒙蔽者，向他宣传迷信色彩的内容，他当场严肃地说："我不信这些，我对自己要求，生不做学阀逞强，死不进天堂地狱，做一名好公民、好教师、好科学家、人民的好儿子。"

（3）1991年，郑集教授把自己做人归纳愿做牛、愿做梯、愿做桥、愿做蚕、愿做烛的"五愿"：

"我愿做一头耕田的牛，一生奔走在犁儿的前头；只要农人有所收获，我纵累死也无怨尤。"

"我愿做一个攀高的梯，人们需要时，我不计报酬，多少人踏在我的肩上登上高峰，我只是为他们的成就，乐在心头。"

"我愿作江河上的桥，使人们达到彼岸不需划桡。虽然也有过河拆桥的负心汉，我也能给他恕饶。"

"我愿做一条吐丝的蚕，不到死时吐丝不完。为了人们的穿着漂亮，再难我亦不以为难。"

"我愿做一支蜡烛，宁愿毁了自己。为的是给他人光明，只要是对人类有益，粉身碎骨从不自怜。"

（4）他将自己一座小住宅化作永恒的爱心。说起郑集的住宅，还有一段来历，他解放前省吃俭用，于30年代初买下了南京青岛路一块地皮，抗战期间这块地皮变为了一些人的坟墓，抗战后南京办理了迁坟，他在这块地皮上设计、购砖、包工、贷款，经过千辛万苦，建成了不到200平方米的青岛路13号住宅。"文革"期间这一住宅被其他单位和个人占用，1972年落实政策，有关单位用郑集住的南秀村29号房交换了他过去青岛路13号的住宅。这就是他做一辈子教授唯一有价值的财产。1990年他考虑自己年事已高，想把这唯一值钱的财产捐赠给社会，在生前了却多年来的一桩心愿，但又考虑自己将来没处住，所以想出了一个办法：把这房子赠给在美国工作的大女儿白蒂，同时，要求她回赠他三万美元，实现他捐献心愿，并允许他在这座房子内度过晚年。白蒂接到他"如意算盘"信后，相当为难，她认为这既非买卖，亦非赠送，她本人储蓄不多，费用太大，这旧房子对她也没用，也不知什么时候才能变为现金。但几经考虑，她还是应允了父亲的要求，愿意帮助他生前实现这一心愿。大女儿最清楚爸爸的想法。这位自幼放牛的穷孩子有一段艰辛的求学历程。他总忘不了一个穷人子弟读书的艰难，为回报乡亲的厚爱，他曾不止一次地寄钱回去。1980年还给四川家乡中小学贫困生捐赠两万元人民币。他还想帮助与自己一样献身生化科学的贫穷青年人。最后，白蒂痛下决心，筹集了三万美元给父亲。1993年，郑集教授将这三万美元，一万捐赠给南京大学作为生物系、生化系、医学院清寒学生助学金。另捐赠给《生物化学杂志》和《营养学报》各一万，作为穷困有为的青年科学工作者参加学术会议费和登稿版面费。

（5）在郑集教授百岁华诞庆典的前一天晚上，他的一些（从外地来参加庆典的）学生去看望他，他展示自己的许多业绩和各种荣誉证书，十分开心，并且说："属于我的我为之高兴，不属我的我也不要。"他还兴高采烈地对弟子们说："翻开世界生物化学史，活到一百岁的生物化学家只有我一个。"说完开怀大笑。一个人在自己百岁时能有这样的心境可谓人生真正的快乐。

郑集教授的事迹还很多，我认为他是攀登上了人生事业、生命、思想境界的三个高峰。社会需要各种各样的榜样，榜样的力量是无穷的，郑集教授虽不是劳模，不是英雄，不是领袖，不是现代令人羡慕的企业家，可算是一名朴实的好公民、好教师、人民的好儿子。我崇敬他。建议大家向郑集教授学习，攀登人生三个高峰。

★ 赘述：高龄老年人生命意义何在？

2019年5月22日，我在南京欧葆庭国际颐养中心讲课，听课老人都是80岁以上，年龄最高的96岁。课间休息与他们交流，一位高龄老人对我说："老师，你讲'生命意义是活得有价值，生命可怕的是在吃喝等死'，你讲的是对的，但是，我们是80多岁的高龄老年人，不吃喝等死又能有什么价值？"休息后重新上课，我说："刚才有一位学员提出一个很实在的问题"，我重复了他提出的问题。我说：高龄老年人认为自己活着没有什么意义，那是从中年人的体力精力、社会角色和追求的视角看，自己什么有价值的事也做不了了。其实，年龄再高，存在一天就能创造价值。

第一，是子女的精神支柱之一。孝敬长辈是子女的生命意义之一，为长辈创造幸福是人生最大的快乐之一，你幸福地活着，子女就有可以孝敬的亲人。我和我的朋友都有这种体会，自己过去缺少条件和时间很好地孝敬长辈，等有条件和时间时，长辈不在了，是人生最大的缺憾。

第二，是子女快乐的最好分享者。人生成功和喜悦，首先想到的是与长辈分享。我以前看到一个令人兴奋的思想观点，都喜欢晚上回去与父亲分享，更不要说晋升、赚钱、获奖、文章和书出版了，第一时间告诉父母。如果，人生中了一份大奖，没有父母分享，是十分可悲的，因为至少一半是为了向父母证明自己很能干。老人看到子女更大的成功，那至少一半是自己培养的成果，是一种快乐。做父母的永远不要忘了给孩子成功发出由衷的赞许。

第三，父母寿命是子女寿命的预期。老年人年龄活得越高，就为子女创造更高的寿命预期和信心。父母长寿的朋友常会炫耀自己是长寿基因，而父母短命的人，活到父母的年龄就忧心忡忡。父母在，子女年龄再大，终极生命还早着呢。父母一不在了，下一个不在的就是自己了。

第四，高龄老人是一个大家庭存在的核心。高龄老人活着，兄弟、姐妹就是一家，经常要围聚在老人身边，高龄老人不在了，兄弟姐妹尤其是不在一个城市的兄弟姐妹来往就慢慢少了，各自都分成另外一个家庭中心了，原有的家庭就解体了。

第五，以身示教如何面对生死。如何面对生死，需要长辈做出榜样，是快乐地老去，还是悲惨地等死，榜样的力量是无穷的，亲人做出的榜样力量更是无穷的。

第六，帮助他人提升智慧和文明。智慧和文明的增长与交流，是没有年龄限制的，老年人应该不断学习进取，总结经验，增长智慧，提升文明，通过交流，影响和帮助晚辈以及身边的人。

第七，做贵人。有些高龄老人有财富、人脉和经验资源，还有可能帮助别人。能够帮助别人思想和事业的进步，能够帮助别人走过艰难的人，都是别人了不起的贵人。多少有梦想的人和处在困境中的人期待贵人的出现！

第八，寿命越长，越享受到新的技术发展成果。这个时代同一时点出生的老年人，有人享受智能手机和人工智能，有人离世较早没有享受到。未来生命技术的突破，有人可能享受到再活50年的技术，有人享受不到，幸福指数是不一样的。

下课后，又一位85岁老人，与我交流，并给了我一篇她写的短文。她小学未毕业，经过上老年大学，2017年出版了第三本书，2019年出版了第四本书。看完她的文章，我肃然起敬，我想，这是我应补充的"第九，寿命越长，越有更多的时间，继续做自己喜欢又力所能及有意义的事"。

二、幸福目标任务

每个人生命的不同阶段所要实现的目标任务都是不一样的。当设定目标任务时，首先要把个人的愿望与客观环境、实现空间和自己拥有的条件相结合，才有可能实现。

退休后的人生目标任务至少包含活得更好、履行好家庭责任、履行社会责任、实现自己的梦想和自我完善五个方面（见图 20）。

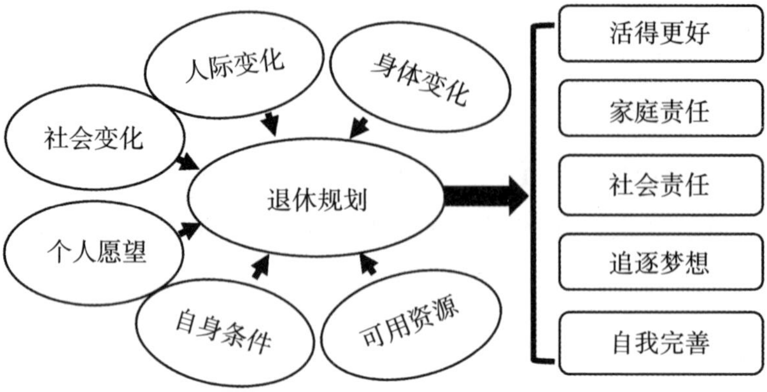

图 20

（一）活得更好

1. 健康长寿。延长活力正常时间和智力正常时间，寿命目标 110 岁。您真正有这个目标，您的生理机制和每一个细胞，都会相应配合，按照这个目标努力工作，即使有各种问题，也会支持您活到 90 多岁。您真正有这个目标，您才会学习保健知识，积极养生保健和关注生命科学新进展。

2. 保持快乐。提高思想境界，是保持快乐最根本的途径。训练自己每天有意识地保持微笑，是保持快乐最简单的方法。出门前对着镜子调整好心情，保持微笑后再出门，把微笑洒向他人。睡觉前，对着镜子，调整微笑再睡觉，把微笑带入梦乡。与合得来的人一起做喜欢做的事，是保持快乐最有效的路径。如果没有喜欢做的事，应要求自己建立至少 1~2 个兴趣。没有合得来的人，首先自己要成为合得来的人，再找合得来的人。

3. 天天向上。制定好切合实际的目标，每天向着目标前进至少1公分，并以收获的过程为快乐，最终的目标实现，既重要，又不重要。例如，思想的进步，财富的增长，健康的提升，现代生活服务和新科技产品消费，对社会的贡献，获得朋友的情感和社会的尊重，等等。

4. 多种生活提升。人不是为一种生活而活，生活质量也不是用一种生活去衡量的。需物质生活保障提高，家庭生活和谐，社会生活更受尊重，情感生活更温暖，思想生活更丰富，文化生活兴趣满足，性生活能保持适度。

5. 风险和自理能力丧失的应对。老年人生理机能下降，如血管弹性下降，要防过于激动。精准性和力量下降，要防跌倒。自主神经反射不敏感，要防吞咽呛噎。这三种情况，占老年人死因很大比例。另外，重点要计划能力正常、能力障碍和失能三个阶段的应对。如果有一天处于自理能力丧失，计划谁来照顾？有些人身体好的时候，不在乎，说等到那一天自己结束自己生命。我从事近40年老龄工作，只见过两例癌症病人因实在痛苦忍受不了，自己结束自己生命的。同时也见过许多病人再痛苦，在科学看来再没有希望，也不愿放弃生命，硬撑到最后。

（二）更好地履行家庭责任

1. 如果长辈在，如何为长辈创造更多的幸福？
2. 如果有第三代，如何帮助第三代健康成长？
3. 如果子女事业发展有需要，如何帮助子女事业？
4. 如何与配偶相互扶持，创造更多的幸福？

（三）更好地履行社会责任

1. 自己的专业能否还有用武之地？
2. 自己的人生经验能否再发挥作用？
3. 自己的财富能否承担风险投入？
4. 自己的资源能否帮助他人？
5. 政治、经济、社会公益哪个舞台更适合自己？

（四）追逐梦想

1. 过去有哪些梦想，现在有无可能实现，做出评估。
2. 现在还可以建立什么梦想，怎样实现？
3. 人生事业高峰、思想境界高峰、生命高峰都应该成为自己的梦想。事业高峰的成败因人而异。

（五）自我完善

1. 知识结构的完善。
2. 个性的完善。
3. 品德的完善。
4. 天赋潜能开发的完善。
5. 命运赋予的任务完善。
6. 灵魂的自由。

阶级斗争教育、螺丝钉教育和应试教育背景下培养出来的许多人骨子里没有种下自我完善的种子，因此，也缺少自我完善的愿望，更缺少生命智慧的知识。这是当代老年人的可悲。

思考这些目标任务时，要审视和评估自己的愿望是不甘心、还是有兴趣、还是被迫的，并考虑其强烈程度、身体的健康状况能付出多少精力和承受多大压力、自身家庭是否支持、时间有多少许可、经济承受范围等条件，以及还有哪些可用利用资源、人际关系中有哪些朋友可支持和合作、自己所要做的事的社会环境、政策环境、技术环境、市场环境状况等方面。

★ 赘述

可能生活状态和社会环境状态不一样，各国居民的追求也有差异，据说美国人曾经评出值得追求的十大奢侈品，供参考：①生命的觉悟；②一颗自由喜悦充满爱的心；③走遍天下的气魄；④回归大自然和与大自然连接的能力；⑤安慰而平和的睡眠；⑥享受真正属于自己的空间和时间；⑦彼此深爱的灵魂伴侣；⑧任何时候都有懂自己的人；⑨身体健康，内心富有；⑩能感染他人，并点燃他人的希望。

第四节　生命幸福规划：通往幸福的路径

一个目标，可能有多种路径到达，多个目标，就有多种路径到达。假如目标是北京，可以乘飞机、坐高铁，也可以开汽车等，有几种路径选择。退休后的人生要达到目标的路径有学习、做人和做事，做人是同样的要求，学习和做事是有个性差异的。

一、学习

（一）学习的意义

1. 学习是对本能的顺应。天地赋予人比动物更高级的学习本能。学习就像吃饭、睡觉、走路一样，是人的本能。人有吃饭的本能，才能活着，人有学习的本能，才能更好地活着。正因为人类有高级学习的本能，才有文化、科技的继承与发展，才有人类的进步。正因为有学习的本能，才可以适应社会、优化生活、发展事业、提升价值，开发心智、身体健康、心境愉悦、精神富足，外求价值更大，内求自命不凡，明白事物关系和变化，享受精神思想的快乐。不管您意识还是未意识到，每个人每天都在不自觉和自觉地学习。自觉地学习，是对本能更有意义的顺应和开发。人的功能用进废退，善于学习的人比不善于学习的更健康长寿。

2. 学习是对人性的满足。一方面是对人性"要明白"的满足，人类正因为有"要明白"的属性，才推动了人类的文明进步，学习是不断站在他人认知的基础上，更进一步达到"要明白"的境地。另一方面是对人性贪婪的满足。贪婪是人的本性之一，个人过度索求就是贪婪，对物质的贪婪往往会伤害社会和自然，只有学习，是对贪婪最文明的满足，不损害他人和社会，天天有获取的满足感。个人对物质的贪婪超过了自身享用范围，都是无用的。只有对知识的贪婪，可以永无止境，不伤害他人，享用终身，还会影响下一代和周边人。学无止境，学习贯穿人的一生。

   3.学习是实现人生目标的必经之路。人有三个基本需求，社会成功、身体健康、心灵快乐，相应需要社会能力的培养、身体健康的保养、心灵快乐的滋养（心灵又指精神，可分为心理和灵魂，弄清楚的精神现象归入心理学，未弄清楚的精神现象暂时装在灵魂的概念中）。社会教育主要做的是社会德能的培养。身体健康过去交给医院，现在医院满足不了健康长寿的要求，老年人要成为自己健康的第一责任人，学习健康保健知识。而心灵的滋养，主要靠自己学习。学习，就像吃饭一样，吃饭滋养身体，学习滋养心灵。没有心灵的滋养，身体就是行尸走肉。学习也可以放弃任何社会成功与失败的功利色彩，当作一种基本的生活行为，一种高品质的生活方式，一种心理和灵魂的滋养。在前面第二章幸福有道第一节幸福与否的推导中，阐释了成功与失败、健康与病痛、快乐与悲哀来源于行为，行为来源于思想，思想来源于愿望、大脑信息和思维方法，学习可以改变人的愿望、信息的选择和思维方法。在前面第二章幸福有道第二节生命轨迹定律中，阐释了生命轨迹是个体的知行在一定的环境中是否顺应不可抗力运行的轨迹。而学习可改变个体的后天素质，提高知行能力，选择环境和顺应不可抗力。在前面第二章幸福有道第三节人生定律中阐释了人生是由愿望附着于角色在舞台上的能力表演。学习可以改变愿望，帮助选择角色和舞台，提高自身能力。因此，学习是实现幸福目标任务的必走之路。

   分享个人一段经历。很多年前，我去找我之前的一位领导，提出调到他手下人事处或办公室工作，他说没有空位，问我愿不愿意去管理一个农场，农场刚投入了二千多万元设备，把我吓跑了，因为我从来没学过和干过农业。后来，我想了很长时间这个问题：如果让我再做一件全新的工作，如何才能在短时期内进入到较深的层面？经过观察和思考，总结出12个字：照着做，学着做，想着做，借力做。当年我的老领导让我去管理农场，他是深思熟虑、有思路的，我只要照着领导要求做就行了，边做边学。后来，领导要我分管老年周报工作，我从来没有做过编辑工作，但我这次胆子大了，一口答应。我上任后，有同事议论我肯定做不好。我先买了几本相关的书认真学习，然后，选了几个全国做得好的报纸单位去学习调研。回来后做了一个完整的发展计划。六年时间，营业额翻了10倍，就业增加2倍，利润从过去连续3年亏损，到积累了一千多万元。实际就是学着做加想着做加借力做。当对一个业务还不深入了解时，千万不要随便想着做，很可能外行所想到的，内行人早就实践失败过了，首先是向前沿学习并要学透。

4. 当今老年人，更需要学习。不能固步自封，要不断学习，与时俱进。

（1）老年人生存状态需要再学习。不同的生存状态需要学习不同的知识。在生存缺少保障的阶段，需要学习生存技能。当今的老年人基本生存有保障后，对文化和精神的追求更高了，越是经济条件好、文化层次高的老年人，越有学习愿望，实现人生更高的梦想。老年人除了物质生存状态外，精神生存状态对生命也很重要。美国俄亥俄州曾经做过一项20年的研究，证明把自己的老年视为人生中充实阶段并对老年抱有积极看法的人，平均要比那些对老年无所期待的多活七年（《老寿星的密谋》P23）。七年是一个什么概念？从医学发展上要花多大的代价？而通过学习可以使老年人进入这种精神状态，享受这种状态带来的长寿回报！另外，老年阶段身体的衰退、大脑的衰退、疾病的增多和社会处境变化等状态，更需要学习提升健康知识和能力来应对。

（2）科技进步逼迫老年人学习。科技进步正在推动人类的生活方式发生前所未有变化。特别是互联网已经成为社会生态，改变着人们生活、工作、生产、交流等方方面面。不学习掌握移动智能终端技术，难以出行、难以购买、难以办事、难以交流。人工智能将加快改变生活、生产、服务各个领域，学习才能享受科技文明进步成果。学习智能应用技术，才能帮助您融入网络智能生活新时代，并弥合代沟。

（3）老年人角色转换需要不断学习。进入老年期，角色发生一系列转换，需要再社会化。人的一生角色，从孩子，到学生，到员工，到领导，为人父母，变为退休人员，成为公公婆婆或岳父岳母，爷爷奶奶或外公外婆，等等，老年阶段不同的角色，有不同的社会关系，有不同的社会期待，有不同的舞台，需要匹配不同的相应能力，需要个人不断适应新的变化，因此，个体的社会化贯穿生命的全过程，个人的发展贯穿生命的全过程，需要终身学习。如果，青少年的学习称"社会化"，老年人的学习可称"再社会化"或"与时偕进"，有不同的阶段性的学习任务和内容。老年阶段的再社会化过程，既有教育的职责，更多地是个人责任。

（4）老龄化社会需要老年人再学习。老龄化社会，老年人是包袱还是财富？老年人生活质量如何提升和生命价值如何体现？老年人是否真正能得到社会尊重，决定于老年人学习的提升和继续参与社会。老年人学习可以提升养、减少医、增添乐、促进为，对实现健康的、积极的、和谐的老龄化具有重要意义（见图21）。

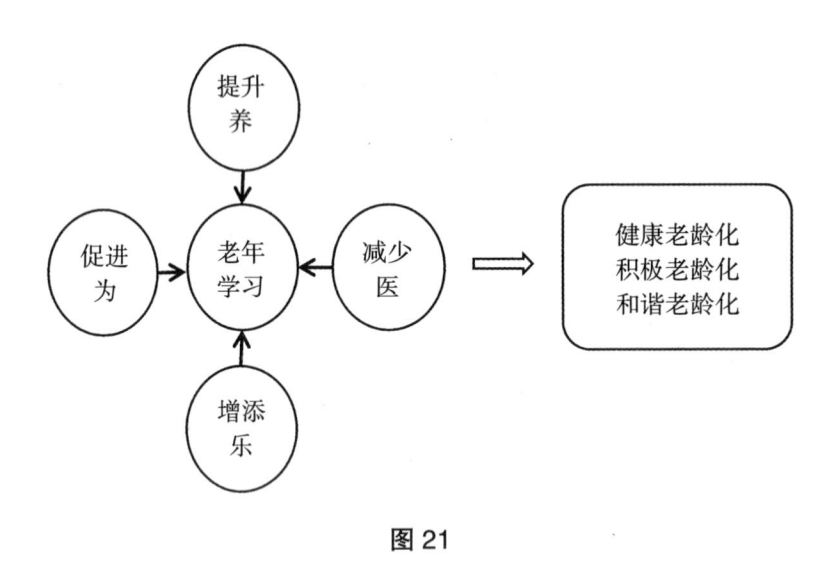

图 21

（二）学习什么内容

老年人与青少年不同，青少年是一张白纸，学习需要从基础知识构建开始。老年人是有知识有文化的人，需要学习增添新知识。老年人有三个方面学习内容很重要，一是补充人生知识结构缺失的知识，二是补充人生变化需要的知识，三是补充个人追求目标所需要的知识。

1. 弥补人生知识结构的缺失。人生有什么需要，就应该匹配相应的知识结构。这一代老年人所受的教育有严重缺陷。在阶级斗争主导的年代，教育的主旨是为阶级斗争服务；在温饱还没有解决好的年代，教育的主旨是为提升生存能力服务；在优质教育资源缺乏的年代，以考试为公平的准绳，教育为应试服务；在市场主导的年代，教育为经济发展服务。当今我国老年人，严重缺少系统的幸福生活教育和生命教育。老年人应当通过学习，弥补上这一知识体系。

人生知识结构需要六大类知识（见图22）：生命智慧知识、专业发展知识、文化兴趣知识、保健调养知识、生活技能知识、消费理财知识。我把它们依次排序，供参考。对年轻人来说，可能依次是生活技能知识、专业发展知识、消费理财知识、文化兴趣知识、保健调养知识、生命智慧知识。为什么把生命智慧知识放在最后？因为社会为青年人规划好了，工作、赚钱、晋升、成家、养家，人人都那么做，选择性范围很小，不需要特别多的这方面知识。对退休人员，生命智慧知识第一重要，弄清自己生命追求什么方向，怎么提升幸福生活。保健调养知识第二重要，老年人等病倒再去医院，往往病已经很难治愈了。生活技能知识第三重要，人不像动物从小学会了生活技能，一辈子就够用了。人类生活，科技不断让生活更美好，您不学习新的生活技能，生活谈不上更美好，特别是信息化、互联网、人工智能已经成为一种生态，您不会这些生活技能，生活很不方便，甚至寸步难行。理财知识第四重要，钱是您从生到死的伴侣，会理财和生财，会让生活更幸福。文化兴趣知识第五重要，是自主快乐的载体，文化兴趣是最能激活心身愉悦体验的钥匙。专业发展知识的重要性，对退休人员因人而异，如果您还想在专业领域再发展，继续学习和深入研究专业知识很重要，如果您不想在自己专业领域再发展，就可有可无了。

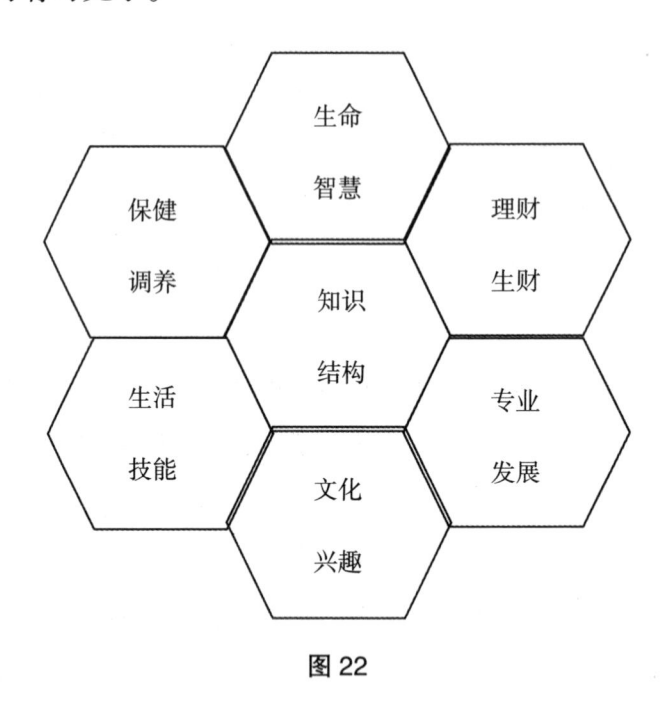

图 22

生命智慧知识包括：人生哲学（世界观、人生观、价值观、幸福观）、社会学、伦理学、管理学、思维方法、传统文化（如《道德经》《中庸》《心经》《内经》）等。哲学是给人的生命以智慧，其他多数知识给人生存以能力，老年人更应补上这门知识。

生活技能知识包括：家庭生活知识、家电操作、适老化产品操作、家庭关系、隔代教育，特别是移动智能手机各种功能应用。

保健知识包括：养生保健、疾病预防和慢病康复知识三个部分，疾病治疗是医生的事。掌握营养学、保健运动、心理卫生、中医基础、中医药膳、经络调理、中成药使用等，掌握保健用品和保健食品知识对健康都很有益。

消费理财知识包括：消费知识，有提升生活品质和人生发展的知识；理财知识，理论方面有政治经济学、市场经济学、产业经济学等；操作方面有存款、国债、股票、基金、信托、黄金、期货、股权投资等。您没能研究透，学习不求甚解，不要随便风险操作。建议把积累和收入的钱，共分为四份：一是日常生活消费的钱，用于支付自己吃饭和与朋友聚餐，住房的水电气费和物业管理费，用车的保险费、汽油费、停车费和修理费，旅游费等。二是救命钱，存20万到40万元，按医疗支出现状，如果40万元救不了命，也就难救了。三是未来如果失能需要护理费，买一份保险，未来可以增加一个贴身护工的工资。四是闲钱，用来做自己喜欢做的事和风险投入。

文化兴趣知识有琴棋、书画、歌舞、诗词、旅游、摄影等，因人兴趣而异，专业发展知识也是因人需要而异，就不多说了。

2. 补充人生变化所需要的知识。一是适应新的角色变化，补充知识。儿子结婚了，需要补充婆媳相处知识；丧偶离婚了，需要补充老年婚姻和独立生活知识；老伴失能了，需要补充护理照护知识；有了第三代了，需要补充隔代教育知识；子女创业了，如帮助子女管理企业，需要补充相应工商管理知识；自己再就业，需要补充新单位工作相关知识；自己再创业了，需补充创业相关的所需知识等，知识能让人把事做得更好。二是适应社会、经济、技术变化，补充知识。补充信息化、网络化、智能化知识，补充所做事的最前沿创新的信息、经验和案例知识。三是适应休闲生活，补充知识。补充自己喜欢的文化兴趣、旅游、玩乐等知识。四是适应自身发展需要，补充知识。补充自我潜能开发和自我完善的知识，补充个人追求目标所需要的知识。人生不同阶段学习目标不一样（见图23），青少年学习，让知识成就未来，增长知识以利未来有更多的选择性和可塑性；中年人学习，让知识改变命运，获得家庭和事业更大的成功；老年人学习，让知识改变自己，实现真正的快乐和幸福。不同目标，对知识的汲取内容是不同的。老年人需要改变自己的学习内容，更多的是生命智慧知识、健康保健知识、新的生活技能知识、兴趣文化知识。

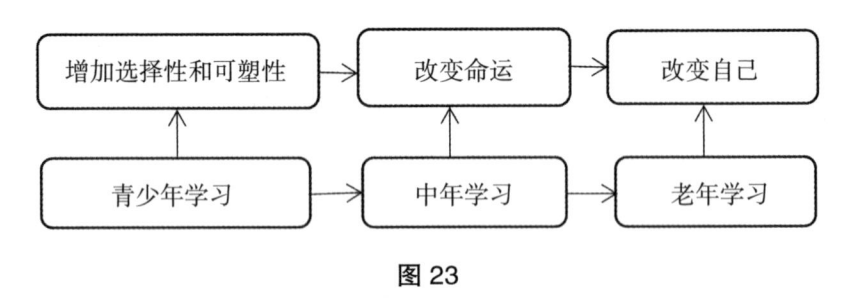

图 23

当然，老年人如果精力、体力、资源等还有优势，可以继续设定事业目标，围绕事业成功，补充相关专业知识、现代管理知识、财务知识、市场营销知识等。我认识一位退休教授，本来是享受退休生活的，独生儿子突然车祸去世了。他不能接受无后的现实，又生了一个女儿。为了女儿将来的成长，他接过儿子留下的公司，重新学习经营管理，努力为女儿赚钱，以防自己陪不到女儿长大成人。

（三）如何学习

每天每个人都在不自觉或自觉地学习，并在不断分享自己的学习感受，或强化、或改变、或提升自己的习惯行为和行为能力。但学习的方式不一样。譬如，看报纸、听广播、看电视、看网络媒体、读书，与朋友喝茶聊天、中式饭局、开会、沙龙、读书会、上老年大学和培训班。学习的方法不同效果不同，全世界对学习方法的研究很多，但大多是针对教育而言的。这里分享一点个人对学习方法的认识。

1.碎片化学习与有计划学习相结合。人们接收所有信息都是在碎片化学习和不自觉地学习。例如，每天朋友在网络上看到好的文章，会转发给您，因为是朋友推荐的，您阅读了。您看到有意思、有价值内容，您也转给了朋友。您觉得没兴趣或不赞成其中的观点，您会看一半就不看了，或看后删除了。这种学习的好处是，大家推荐的知识往往是共同感兴趣的知识，节省您很多时间去寻找和提炼。现在很麻烦的是网络有一种算法，您越是感兴趣某类信息，它就自动给您推送这类信息。如果您是一个低俗的人，网络不断给您推送低俗的内容。如果您喜欢反主流意识内容，网络不断给您推送同类反主流的内容，如果您没有意识到，您就不自觉地陷入其中。有计划学习，是主动地根据自己的需要和知识结构，选择一系列书、论文、相关教学课程和交流平台，专门安排一段时间进行系统学习。这种学习才能真正全面系统地掌握某方面知识，提升自己在这个知识领域的认识水平。

2.结合实际需要学习。生活需要，工作需要，解决问题需要，急用先学，遇到困难后学，带着问题学，活学活用。多数人生知识，不是靠说教和死记硬背能掌握的，真正变为自己所掌握的知识并成为自己生命的一部分，多来自应用于解决实际问题时变为了自己的拥有。掌握知识的捷径是遇到问题时，急用先学，遇到困难后抓紧学，带着问题学，以问题为导向，通过学习解决问题。一个人生了某种病，学习这个病的知识，比医学院学生学得快、学得深。所以，有句俗话，久病成医。实际对一个有学习能力的人来说，患病即成医，成了这个病的高明医生。

3. 依靠互联网学习。摆脱传统的学习方式，找好学校，找好老师。老年人是有知识基础和经验的，知识本身是有内在联系的，不要什么都像中学生学习一样，先从基础开始，浪费时间。也不一定要像中学生一样，找好的老师。现在大师级的老师都上网了，可以直接在网络上找老师。另外，传统的学习需要死记硬背，现在网络是您大脑的延伸，是包罗万象的活字典，网上有的都可以不用死记硬背，重要的是掌握分析问题、解决问题的思维方法以及相关观点和前沿动态。

4. 向他人学习。每个人都是一本书，有优点、弱点、经验和错误。特别要读懂你身边的人，你的父母、你的领导、你的同事、你的配偶甚至你的孩子，学习他们的优点和经验，从他们的错误教训中得到自己的提升。一个人不能犯已经犯过的错误，也不能犯看到过的别人犯的错误。关于学习他人优点，举个例子。我孩子外公，是个高级干部，很有独立思考能力，从不人云亦云，意志坚强，70多岁时练马步站桩，能满身大汗站半个小时，我5分钟都站不了。他只读过私塾，70多岁开始自学钢琴，自学微积分，家里做练习题的草稿纸成堆，活到了96岁，与不断学习有很大关系。邓小平南巡讲话后，他洞察力很强，让我辞职"下海"或出国留学，我都没能照办。当时我对"下海"的理解只是赚钱，而我从小不愁吃穿，钱对我没有刺激性，而出国，我有自知之明，我外语学习力能力差，下过多次功夫，没学好，所以也不能接受。后来，他又要教我唐诗宋词，我没兴趣。他批评我不求上进。尽管他看不上我，但我由衷地佩服他，一直以他为学习榜样。成功的人一定有某方面优点，失败的人一定有某方面的不足。我孩子外公能成为国家高级干部和活到96岁，自有他超越一般人的优点，学习就是他的一大优点，至今，在许多方面我还以他为对照，应该怎么做，希望能超过他96岁的生命的高峰。我父亲也是一生爱学习的人，一直到85岁去世前，还不断订杂志和买书，读书是他晚年生活的主要内容，床上都堆了许多书。我许多朋友来我家，喜欢与他聊天，每次都认为很有收获，认为我父亲知识渊博。但我父亲自控能力差，我曾经说让他向我孩子外公学习，否则，活不过他。他非常生我的气，一想起我说的话还要生我的气。因为，我孩子外公从未请我父母吃过一顿饭，我父亲自尊心受到伤害，对他很有意见。其实，我孩子外公这辈子就没有请人吃饭的习惯。优秀的人才有值得学习的优点，不能因为他与您有矛盾，或是您的对手，或伤害过您，而否认他身上值得学习的优点，人的值得学习的优点属于人类的，不在于您是否喜欢他。特别是您输给了您的对手，更应看到他的优点，向他学习。如果，我父亲能向我孩子外公学习良好的生活习惯，也许能活得更长。

关于学习他人经验，要高度重视。经验作为抽象的概念，是知识的前体，知识是由经验提升而来，一百个经验被几句理论知识就概括了。但是，作为具体一个人身上的经验，则是知识后体，是对已有知识学习融会贯通在具体运用过程中的再思考和再提升。经验到知识，再到新经验再到新知识，是一个不断上升的过程。不是所有人的经验都有价值，只有智者的个人经验是前沿的知识。

5. 研究性学习。第一阶段学习是读书练习，学而时习之，要记住，要熟练掌握；第二阶段学习要学研，边学边研究，温故而知新，加深理解，融会贯通，学以致用；第三阶段学习要研学，为了研究弄清问题再学习、再思考、再研究、创新突破。关于研究性学习，我有三点体会分享，供参考。

（1）研究性学习，不要迷信权威。科学，是一种精神，是追求真理的探索精神，不是迷信和盲目崇拜。现在，学国学成为一种热潮，国学有很多精华，是民族的灵魂，但是，不是绝对真理，对一些人物和经典著作的盲目崇拜，会阻碍认知深入和进步。老子、孔子、庄子、孟子，在那个年代，他们的思想和经典著作，确实了不起。但是，他们那个时代信息闭塞、知识分子少、知识积累少，那时，还没有市场经济，还没有股市，还没有选举制度，还没有西方文化的借鉴等，而现代，信息社会，知识爆炸，东西方文化的融合，人类命运一体化，知识分子满天下，难道亿万知识分子的思考永远跟不上他们吗？人类的进步是站在前人肩膀上、站在巨人的肩膀上攀登的，如果，给您肩膀不站，非要跪在下面，永远也攀登不了高峰。

（2）研究性学习，要善于发问。发现问题，提出问题，学习才能深入。能够发现问题，既是具备可贵的探索精神，又是高水平的体现。许多人读《内经》，《内经》开篇立论就是"余闻上古之人，春秋皆度百岁，而动作不衰""尽终其天年，度百岁乃去"，所以，要向上古之人学习，才能长命百岁。学习者，有没有想过，有什么能证明上古之人都活到100岁以上？又有什么能证明上古人的生活方式是《内经》中的生活方式？现代，也不是上古人的生活方式，100岁老人每十年翻一番，为什么？《内经》中还说，"正气存内，邪不可干"，讲解《内经》的大师必讲此名言。历史上瘟疫（邪毒）大流行，几千万人死亡，他们都是没有正气存内吗？现代人采取消灭传染源、切断传播途径、免疫接种，有效控制传染病流行，使人类平均寿命翻了一番，如果固守"正气存内"，能消灭传染病吗？您对老师发问了吗？如果您发问了，学习和思考就深入了。现代医学癌症治愈率不提了，提5年存活率。癌症的5年存活率目前大约是40%，有没有人发问，还有60%怎么办，5年存活率后又如何保证长命百岁，如果您发问了，学习和思考就深入了。

（3）研究性学习，要有思维方法。要特别加强思维方法或思维模式的学习。人们在解决问题的过程中，常常犯结论或观点先于思考的错误。许多人所谓的思考和研究，只是围绕已有结论或观点建立起来的逻辑论证。要防范这种错误，最好办法，就是先建立科学的思维方法或思维模式。所以，加强思维方式或思维模式的学习、研究和训练，对深入学习专业知识和有效解决问题至关重要。

介绍一些思维方法，供参考：

①天人合一定律。人是大自然的造物，人体的运行节律与自然的运行节律相关联，人依赖自然生态生存。这是生命科学的底层逻辑，既是哲学，又是科学，是中国对人类的贡献，可以用在对生命问题的研究上。

②阴阳和合定律。所有事物包含阴阳两种相反的属性，阴阳相互依存，阴阳相互转化。这也是生命科学的底层逻辑，既是哲学，又是科学，是中国对人类的贡献，可以用在对生命问题的研究上。

③生命轨迹定律：生命轨迹是个体、知行、环境、不可抗力四种要素综合作用的结果，可以用在个人生命变化分析和改变生命状态研究上。

④人生定律。人生是愿望附着于角色在舞台上的能力表演。可以用在个人社会生活成功与失败、健康与病痛等问题上。

⑤要素思维方法。中国的金木水火土五行说就是这种思维方法，找出构成事物相关的要素及之间的关系，寻找解决问题的办法，可以用在许多问题的研究上。

⑥辩证思维方法：a.一切都在变化和不断运动着。b.一切事物都与诸多事物相互联系着。c.一切事物都存于自己的对立面之中。d.量与质相互转化。e.进化是在偶然与必然的相互作用下进行的。f.用复杂的网性的关联思维替代简单的线性的因果思维。可以用在生命和诸多领域问题研究上。

⑦目标、路径、行动的思维方法。先确定目标，再选择路径，再研究如何行动，可以用在解决实际问题的研究上。

⑧ 5W2H 思维方法。即 why（为什么要做）what（做什么）where（在何处做）when（什么时间做）who（谁做）how（如何做）how much（做多少），帮助寻找解决问题的线索，进行操作方案设计，从而达到解决问题。

⑨ 商业模式（九大要素）思维方法。即价值主张、目标群体、渠道通路、客户关系、资源配置、核心竞争力、重要合作、成本结构、收入来源，用于研究实体组织的运行和发展。

⑩ PEST 分析法。即从政治环境、经济环境、社会环境、技术环境四方面分析外部环境。可用于个人事业和企业发展研究。

二、做人

做人，是人生首要任务，既是人类进化的必然要求，也是社会文明进步的必然要求。中国文化很重视做人，强调"先做人，后做事"。做人，对做成事很重要。儒家名言"修身齐家治国平天下"，强调的就是先做人。如何做人，中国历史文化也有很多要求，如仁义礼智信，温良恭俭让，但是，从来没有阐述清楚为什么要这样做背后的机理。因此，做和不做，只是听不听从圣人教诲，而不是违不违背天理。例如，古代对女人的要求"三从四德"（三从：女子未嫁从父，已嫁从夫，夫死从子。四德：妇德、妇言、妇容、妇归），其理何在？现在社会上对做人要求有无数的说法，例如，老百姓称赞人最常用的词——好人。例如，做君子不做小人，君子是有情有义之人，做合情合理之事。例如，有人赞美男人：取财有道，好色有品，博学有识，读书有瘾，喝酒有量，玩笑有度，没事不惹事，有事不怕事，在外顶天立地，对内没有脾气。对女人要求过去是"贤妻良母"，现在还要"进得了厅堂，下得了厨房"。例如，别人发给我的一条微信，敬佩两种人：年轻时陪男人过苦日子的女人，富裕时陪女人过好日子的男人；远离两种人：遇到好事就伸手的人，碰到难处就躲闪的人；挂念两种人：相濡以沫的爱人，肝胆相照的朋友；谢绝两种人：做事不道义的人，处事无诚信的人；负责两种人：生我的人，我生的人；珍惜两种人：敢借给我钱的人，真心牵挂我的人！这些都是人与人互动中的一种期待。

做什么样的人，有共性要求，也有个性化选择；有基本要求，也有层次引导。对公民共性要求，要符合人类文明行为逻辑；高层次的要求可以倡导，但不宜强求。这里，提出一些做人的基本要求并努力说清楚为什么这样做背后的道理，供参考。

（一）做合得来的人

做合得来的人，是对做人最基本的要求。社会的起源和本质是协作，协作是人类发挥整体力量的前提。协作，一要靠个人品质，二要靠契约，三要靠机制和方法。

首先，人们之间要具有相互合得来的基本品质，才有可能相互协作和相互帮助。这是做人最简单的道理和最起码的要求。人生与合得来的人做喜欢做的事，是持续幸福快乐的保证。找到合得来的配偶，相互关爱，照顾长辈，养儿育女，共创事业是人生莫大的幸福。找到合得来的团队做喜欢做的事，特别与合得来、有品质、有智慧的人，做喜欢做、有价值、可发展的事，不仅快乐，还是事业成功的保证。与合得来的人合作，先要自己与人合得来的人。许多人成功或失败，幸福与痛苦，某种程度上是个性是否与他人合得来造成的。恰恰有些人，这最简单的道理都不懂，全身都是刺，似乎人人都欠他的，全是别人的错，整天冷着脸，在家庭、在社会与谁都合不来。有些人活到60岁一把年龄了，一点素养也没有，别人一句话不中听，立刻挂上冷脸甚至翻脸吵架。有些老人越老越难处，到处挑别人刺。

举个例子，有位发明浮针的朋友对我说，他去社区免费给老人讲了三天课，有位老人第四天来到他工作室，要他把博士证书、营业执照、出版的书都拿出来查看，否则，就要打电话给市场监督管理局。他老老实实都拿出来给他看了，以为老人凶脸会转为笑脸，老人什么也没说，对材料的真假持怀疑态度。他不解。我笑着对他说，现在骗子多了，老人是义务监督员。他说既然证明我不是骗子，也应表扬我几句。我说那老人可能不爱表扬人。

做人，最起码要做合得来的人。合得来的人的基本要求是：对人热情、尊重、礼貌，包容、真诚、关爱、有责任心、守信、守约，不占别人便宜、不斤斤计较得失，不偏执、不挑拨是非、不恶语伤人，正能量、懂得赞美别人的优点、获得别人帮助知道感谢和懂得感恩，自己误伤了别人知道赔礼道歉和弥补。曾经网络报道过，一个农民工小哥，累了一天，坐在公交车上打瞌睡，没有给老人让座，被老人搧了一耳光，说他装睡，不懂得敬老。还有个美女因刚被诊断为癌症，心情不好，在公交车上没给老人让座，被老人奚落，后又被网络曝光，自杀了。这些老人，都是合不来的人。他们用有利于自己的社会道德要求来绑架他人，而道德是用来引导人的。

其次，与人合得来，也需要有相处的能力和方法。人与人之间产生矛盾主要有三种情况：一是给予与回报之间的不对应。因为社会是利益和需求相互交换的社会，交换过程中，人们总习惯用最少的投入换取更大的利益，必然会发生给予与回报的不对应矛盾。如夫妻一方付出爱，常会索取更多的被爱，得不到满足就要产生冲突。二是相互关系和角色错位。社会是一个结构性社会，一台机器，对每个人在社会结构中的位置都有相应的期待要求，每个人的理解及其作为，不一定达到他人的期待要求。如把领导与被领导关系当作兄弟，把合作伙伴当作闺蜜，把客户关系当作亲人，把异性朋友当作情人等，都会产生矛盾。三是利益冲突，社会位置是有限的，优质资源是有限的，为了占有更好的位置和更多的资源，冲突是难免的。如局长、市长的位置只有一个，为了竞争位置，必然要发生冲突。

在这种社会结构中，要有和谐相处的能力和方法，提供一种与人相处的策略，供参考：把与他人的关系分别定位，一是兄弟姐妹，不计较利益；二是朋友，相互支持和帮助；三是合作伙伴，按契约合作；四是路人，不要打扰别人；五是客户，议价交换；六是竞争对手，文明竞争和多加防范。要用智慧和能力对每一种关系定准位，把握好尺度，就能保持和谐相处。把合作伙伴当对手，就不可能合作好；对路人指手画脚，就会自找麻烦；把客户当上帝，就没有您过的日子；把朋友当兄弟姐妹，您一定会失望。

最后，守契约，是合作好的保证。社会和国家体制建立在法律公共契约基础上，市场建立在货币公共契约基础上，家庭建立在婚姻契约的基础上，遵守公共契约和相互契约的道理，人人都知道，这里就不多说了。

（二）做不欠债的人

社会的起源和本质包含交换，人们通过交换实现分工和个性化发展。从易货交换到用钱来交换，交换产品、交换服务、交换情感、交换智慧。自己要获取，就要用劳动去交换。父母养育子女，子女要孝敬父母。别人送您礼品，您要还礼。夫妻要互相关爱。学习要付学费。当您没有能力时，或困难时，别人帮助您，一时无法偿还别人，更要铭记在心，想着来日找机会偿还。俗话说："人在世上过，欠的都是要还的"，反映了做人最基本的要求和最基本的道理，也是社会互动最基本的规则。按佛教的文化，今世不还，来世也要还。俗话还说"欠债还钱，杀人偿命"，这是天理。恰恰有不少人不遵从这基本规则。以不劳而获，骗取巧夺，甚至做偷盗抢劫违法之事为荣，伦理不容、法律不容、天理不容。

我认识一个村民，他过于精明，歪点子很多，找别人办完事后，总能找到别人毛病，不付别人钱，而且还洋洋得意地炫耀。周边与他打交道的人，没几个没吃过他的亏，都躲着他。有一次他家盖房子，别人向他要盖房工钱，他起诉别人房子有风险，要别人赔偿，别人息事宁人，不要钱了，他得意得很。后来，他五十多岁患了癌症，向别人借钱治病，没有一个人借给他。在我的生活经历中，两次投资上当受骗，有 5 个人借过我的钱未还，回过头来看，他们都不是成功者。其中，有几个人我很为他们惋惜，因为他们很聪明，我可以介绍很好的资源给他们，也许能帮助他们取得成功，但是，我不敢，我怕他们又骗我朋友的钱。

我给自己的要求，宁可天下人欠我，我不欠天下人。当然，年轻时不懂，欠了一些感情债，现在正在慢慢还。年轻时，有些有实力的朋友给了我很多帮助，欠了他们的人情债，现在，一些朋友不如从前了，我总想着找机会帮助他们，这也是我退休后继续努力的动力之一。还债，也是一种生活目标，特别是带着感恩的心，还感情债，更是一种充实的生活。

人生总会有弱势、困难、低潮的时候，需要别人的帮助，欠债是难免的，但要有还债意识，力求在人生最后不欠债。这是我的观点。

（三）做快乐的人

快乐是幸福的基础。快乐需要以身体健康为基础，同时，快乐又是促进健康的灵丹妙药。要保持快乐，首先是要有追求快乐的意识和对自己是否快乐的反省，不要生气、悲伤、愤怒、抑郁、焦虑，自己都不知道有害，没有意识去调整，就无从谈快乐了。只要超过 1 个小时心情不好，就要立刻反省自己，赶快回归到快乐的运行轨迹上来。获得快乐的方法有千万种，心理学中的转移法、运动法、发泄法、环境法、阅读法、颜色法、饮食法、催眠法等，都只能暂时起作用。长期有效的方法有三种。

一是该弄明白的都能弄明白，登上思想境界的最高峰，遇到任何事都能泰然处之。人除了身体疾病和吃不饱穿不暖外，不快乐都是自己的问题，不要把自己的不快乐怪罪于别人，要提高自己的境界。这不太容易做到。

二是自己有特殊的文化兴趣，一旦有烦恼，放下，做自己感兴趣的事。我一个朋友让孩子学一种乐器，孩子问为什么要学乐器，他对孩子说长大以后总有烦恼的时候，如果烦恼了，就玩自己的乐器。有人喜欢书法，有人喜欢画画，有人喜欢打牌，有人喜欢写作，有些人可悲的是什么也不感兴趣。

三是修炼微笑。这是简单有效的方法。微笑是禅定大法。微笑，很容易，但比黄金珍贵。不要认为微笑是一种微不足道的心理现象，它是与人类永恒的主题，与和谐相联系的身心状态和表现，是心灵和肉体健康的标志和法宝。它是快乐，是友善，又是救苦救难的灵丹妙药。它是阳光，是春风，是雨露，又是明月。它是美的象征，活力的体现，成熟的标志。它可以化忧郁为振奋，化消沉为力量，化急躁为沉稳，化动怒为和善，化磨擦为协调，化庸俗为卓越……它是人类唯一谁都能理解的共同的语言。国际上还专门制定了一个"世界微笑日"。

古人说的"笑一笑，十年少，愁一愁，白了头""恼一恼，老一老，笑一笑，少一少""笑古笑今，笑己笑人""笑傲江湖"等中的笑，都是微笑。一个成年人试一下，先苦着脸照镜子，再微笑着照镜子，立即年轻 2 岁。

健康的本质是和谐，人的身心和机体各部分高度和谐的健康状态就是愉悦的状态，这种愉悦的状态的表现形式就是——微笑。本人从事老龄工作几十年曾走访过无数百岁老人，凡身体健康的几乎都是处于微笑状态——身心愉悦状态。

本人建议时时给自己加个意念——保持微笑。用整个身心去体验微笑，意想闻到沁人肺腑的花香一样的感觉，绝不是皮笑肉不笑、脸笑心不笑、声笑体不笑，不是奸笑、冷笑、尴尬的笑，而是发自内心平平静静、坦坦荡荡、舒舒服服的笑，无忧无虑、无怨无悔、无嫉无恨、无羞无愧、无私无畏的笑。您认真地努力地体验一下这种微笑，一定会觉得身体轻松、精神舒畅、思维开阔，能神奇地淡化您忧郁、气愤、仇恨、报复等心理，唤起您的宽容和善良，迸发出您更多的智慧火花。如果您能修炼到，让微笑每天24小时陪伴您，健康百岁一定属于您。

微笑从生理学研究，人的中枢神经系统有两个特点，一是在大脑中有一个优势兴奋中心（神经生理学上又称兴奋灶）兴奋时，就会产生这一兴奋的扩散和抑制其他兴奋。例如，生活中某个烦恼问题往往让人难以专心干其他事，造成心神不宁、全身不适甚至导致生病。另一是生活中有些不良条件反射或程序一旦形成，往往不断强化，很难去除。例如，有的哮喘病人一接触到甚至一看到某种物或事就发病。许多心身疾病都有这种机制。一个有效的解决办法，是在大脑中建立一个能量强大的"微笑"优势兴奋中心。可以随时调发用于战胜不利于健康的各种脑兴奋活动和条件反射。可以这样说，一个人有无涵养最重要标志之一，就是能否在自己大脑中建立这样一个"微笑"优势兴奋中心，保持自己心身任何情况下处于愉悦和谐状态中。

微笑从哲学研究看，宇宙间任何事物的产生和变化，都不是孤立的，都有其内在和外在相联系的事物。一切美好都是与和谐联系的，一切邪恶都是与和谐格格不入的。微笑是心身和谐的状态，不论您意识到还是您没有意识到，它都是人间最美的标志。有人只注重去除面部皮肤色斑和皱纹，殊不知皮肤再美，一旦显露出那凶神恶煞、阴险狡诈、贪图势利、痛苦惆怅、无精打采、狭隘嫉恨等面貌是多么丑陋，多么令人不快。而发自内在和谐的愉悦微笑可以冲淡生理上的百丑。微笑状态，有助于接受真理、善良、美好，克服虚假、邪恶、丑陋。

微笑是主动用积极意识内向性化解心理、心身、机体组织之间的矛盾（而不是转化到外界），达到内部和谐，又以内部的和谐接受外部的真、善、美和抵御外部的假、恶、丑。同时，用微笑释放的和谐信息场感化周围。据说有个实验，把两组生活在一起的老鼠，分离数千里，一组让其处于焦虑状态，另一组也会产生焦虑。因此，您微笑产生的生物电磁波，可以与您的孩子、家人、朋友、他人产生共振。您微笑，别人也报以微笑，世界也微笑。

每天出门应对着镜子微笑，把微笑带入白天。每天晚也应对着镜子微笑，把微笑带进夜晚。今天您微笑了吗？

让人生充满微笑，让世界充满微笑！

（四）做善良的人

一般人为认为善良，就是不图回报地帮助别人。善良是心，善举是行，善果是终。不是有善心，乱施舍，就能结善果的。这三者之间需要智慧贯通。我有一位朋友，相对是有钱人，有一天我们俩路过江苏省中医院门口，有个乞讨"病人"向路人讨钱帮助，说患了重病没钱医治，周围有很多人围观，我朋友当场从口袋里翻出 3000 多元，全部给了乞讨的"病人"。我们离开不远，一个路人跟过来告诉我们上当了，那是一个骗子。我也说我朋友，不应该那么冲动。我朋友说不管真假，在众人面前，慷慨解囊，感觉心里特别爽。我当时赞许了他，事后想，这是助纣为虐。

善的最基本要求，是己所不欲，勿施于人。善的更高的要求是对他人的关怀与社会文明进步的统一并遵从于天地间不可抗拒的力量。据说，20 世纪，英国有位贵族绅士，有一天路过一个村庄，乘坐的马车翻倒在路边，一个路过的孩子发现了，跑回村里叫人，帮助把车和人拖了上来，这位贵族绅士被小孩的善良感动，就记下了小孩的名字，并答应承担他今后读书的全部费用。这个贵族绅士的儿子就是二战期间的英国首相丘吉尔，那个孩子就是 20 世纪出名的青霉素发明人弗莱明。有一次肺炎流行，许多人死去，丘吉尔也患了严重的肺炎，最早用上了弗莱明发明的青霉素，而挽回了生命。这个故事就是善心和善行结了善果。这个故事不知道真假，但这类善有善报的故事很多，逻辑是成立的。

但是，人有善恶两面性，善恶有因果报应，如果您不分黑白，用善心帮助了恶行，恶行得不到恶报，天地之间，如何惩恶扬善？有的人为别人不计报酬做了很多好事，别人不仅没有回报，还把他当傻子，或以怨报德，或恩将仇报。许多人认为背后说别人坏话，是品行不好的行为。我认为这要看说什么人，对于品德不好的人，别人没认清，背地揭露他，提醒别人防范他，或阻止他获取更大的权力，都是实现因果报应的形式，您不做，并不是品行好，而是助纣为虐。因此，要做一个善良的人，必须增长智慧，才能善心、善行结出善果。

不图回报帮助他人，要帮助那些值得帮助的人和掌握帮助的尺度，这里提几条建议供参考：一是帮助孩子成长，他们有可塑性。二是救助生命遇险的人，除了杀人犯，其他生命遇险人都应该救助。三是帮助遇到困难的善良的人，他们以后也会帮助他人。四是助力懂得感恩的人，他们具备社会人的基本属性。五是引导弱者发展而不是助长懒惰，促进共同进步。六是助力别人做善事，助力那些维护社会公德的人，共同营造社会友善、公平、正义环境。七是关爱老人，给自己的长辈更多的幸福，帮助社会老人获得基本保障和省悟人生。国外要求让女人优先得到帮助，可能是人类种族的延续的属性决定的。

（五）做好人

中国人夸别人，常常用"好人"这个词。但是，好人是个模糊的概念，许多人都说不清好人的内涵是什么，因此，需要探讨一下。社会有一个无形的法则推动着人们要做好人，这个法则就是您对社会做贡献，社会给您回报，也包括寿命的回报。法律法规、道德伦理、宗教文化等，都是为好人设置的，做好人受保护，受尊敬，受赞颂；做坏人将受到法律法规制裁、社会和道德的谴责。从生理心理机制上看，做好人心理平衡，心境平和，有益健康长寿。俗话说"为人不做亏心事，半夜不怕鬼敲门"。

需要提出探讨的是，俗话说"好人不长寿，坏人祸千年""善良的人命苦"。如何解释？我想，一是人们内心深处有一种期待，希望世上好人永远活着，好人越多越好，坏人越少越好。但好人坏人都是人，人的寿命不是单因子决定的，好人也有天灾人祸，坏人也享受医疗进步成果，因此，在感觉上总觉得好人走得太早了。二是在特定的恶劣社会环境中，好人受气，得不到善待，才有"好人不长寿，坏人祸千年"的感慨，这也是对特定环境不正风气的诅咒。三是我国传统文化对好人要求太高，把忍辱负重，任劳任怨，毫不利己专门利人、生死置之度外、完美无缺，甚至死亡后的人，才称为好人并歌颂宣传。这是人类一种自私的潜在心理反映。四是生活中确实有些好人，不能善待自己，不能重视自我保健，只为他人，忍气吞声，积劳成疾，以致短命。好人压抑自己的需求，总是满足别人的需求，有奉献心、付出心。比如，一个女人在家里，与丈夫有冲突时，牺牲自己利益，特别是丈夫脾气不好，甚至出轨，总是忍让，承受更多的委屈，很可能会得乳腺癌、子宫肌瘤等心理压抑性疾病。其实，同等条件下，好人如果能够重视自我保健，对自己好一点，社会的规律还是好人有好报，好人一生平安，好人健康长寿。做好人是长寿因素的重中之重。事实也是好人多长寿，我曾经组织调查过江苏900多位百岁老人，他们都心地善良，一生勤劳朴实，为人温和仁慈，受到周围邻里的称赞。我所崇敬的古代百岁老人孙思邈和现代百岁老人南京大学郑集教授都是大好人。

有人曾与我开个玩笑说，上帝也喜欢好人，只收好人，把坏人留在人间了。人们创造的上帝是无私的，上帝是人们心愿的一种体现，上帝的宗旨是要实现美好的人间，如果上帝把好人招到身边，把坏人留在人间，上帝不就太自私了吗！这不符合上帝的品格和宗旨，上帝只会把好人留在人间，坏人打下地狱。

中国儒教以"仁"为核心，教育人们做圣人（或君子），不做小人；道教以"道"为核心，教育人们做仙人，不做凡人；佛教以"善"为核心，教育人们修炼成"佛"（觉悟了的人），超越众生（未觉悟的人）。圣人是仁爱之人，仙人是行天道助人之人，佛是"自觉"和"觉他""度己"和"度人"之人，都是大好人，都是实现和谐美好社会的力量。

好人一般做好事多，劳累过度，积劳成疾，影响寿命，这是一部分事实。如果好人又能注意养生保健，则能为社会做更多的好事，做更大的贡献。所以，既要做好人，又要对自己好，珍惜自己健康，有一个健康的身体不仅是个人需要，更是社会的需要。社会需要好人常在，社会需要更多的好人。

做好人是做人起码的要求，做大好人虽是一个不断提高、自我完善的过程，但每一个社会发展阶段应有做好人起码的标准，即为人最基本的人品，这个起码标准应是：守法律、心善良、负责任、求真实、重情义、护环境。

1. 守法律。协作是社会的本质特征之一，协作靠的是契约，我们的社会就是一个契约社会。而法律是社会公共契约，是维系社会和谐最基本的共识和行为规范，是全体公民都必须遵守的。每个人必须学法、知法、守法，依法行事，政府也必须依法治国，依法行政。历史上法律曾经是统治者以暴力和强制实现自己意志的方式，所以古代有些思想家反对法制。也有人认为道德治国更重要。其实，法律与教育是实现人类道德愿望的两种途径，法律也是道德的体现形式。法律虽然是强制，但更多地体现为人民的共识、人们的自我约束。

2. 心善良。善良是人与人和谐相处最基本的要求，是根治、消除一切邪念、烦恼、野蛮的良药。善良是博爱、是仁义、是宽容、是扶弱、是给予、是温情、是同情、是为他人着想、是为他人服务、是和谐……善良是天地赋予人类驱动人间真情和实现人与人和谐无可抵挡的内在力量，善良也是人心理平和、愉悦和健康长寿的基础。

3. 负责任。人生就是责任，人类的命运是靠每个人履行责任去开拓的，责任是人生存最基本的义务。自我完善、促进人与人和谐、促进人与自然和谐，是人天生必须担负的责任。一个人来到世间必须履行做人的责任，必须对自己、对他人、对社会、对人类负责任；一个国家领导必须对国家负责任，一个公民也对国家有责任；一个父亲或母亲必须对子女有爱护、抚养、教育等责任，一个子女对父母有报恩、关爱、赡养等责任；做丈夫有做丈夫的责任，做妻子有做妻子的责任；人与人交往有守信用的责任……责任是社会和谐的基本保证之一。一个没有责任心、不负责任、逃避责任的人，算不上好人。

4. 求真实。追求真理，探索科学，实事求是，就是求真实。它是人类正确认识自我、认识社会、认识自然的必要条件，是照亮黑暗的明灯，是战胜邪恶的锐利武器，是人类智慧文明的核心，是人类创造和发展的精神基石，是人觉悟和超凡脱俗的阶梯，也是人探索和实现健康长寿的前提……虚假、虚伪、自欺欺人、不切实际、不遵循客观规律、逆道而行是人为灾难的土壤，是邪恶的温床，必须予以抑制。求真实，是天地赋予人类以此推动社会进步和人的自我完善的美好禀性，因此，应当成为每一个人为人处世的基本品德。

5. 重情义。中国传统文化，很重视人情义理，情义比金钱更重要，情义无价。人类没有情义，就不是血肉之躯了，就成了机器人了。情指人情，有亲情、友情、爱情，更重的指其中包含的感恩之情。义指义理，有正义、仁义、道义、信义，情要合乎于义理，人们赞美知恩图报、有恩必报、滴水之恩涌泉相报的美德，把以怨报德、恩将仇报视作狼心狗肺。赞美为公平正义出头，断言多行不义必自毙，强调生意做不成要保留情义在。交换，是社会的本质特征之一，金钱支撑议价现时交换，善良支撑无价延伸交换，情义支撑无价延期交换。

6. 护环境。人依赖环境生存，环境制约人性的释放和行为。人置身于自然环境、社会环境、文化环境和技术物化环境中，维护自然环境生态平衡、社会环境和谐、文化环境积极向上、技术物化环境符合人性，应当是每个人的责任。当今，人类生存自然环境正面临着前所未有的破坏，必须高度重视，把保护自然环境、促进人与自然的和谐、阻止环境的继续恶化，上升为当代人重要的责任。否则，就是对人类的罪恶。保护环境，构建稳定、和谐、发展的环境，是天下大事，人人有责。人类遭到自然的惩罚，癌症发病率上升；个人遭到不公正的境遇，反省一下，是否与自己和众人没有履行好维护好社会环境的责任有关。您有能力主张正义和道义时，对您没有伤害时，您不主张；您没能力主张正义和道义时，您为保护自己，可以沉默，但您为一己之私讨好邪恶，就会助长恶劣的环境，就是道德造孽。

（六）做自信而不固执的人

自信是人的第一优秀心理品质，不要以为自信是小小的心理特点，它是关系到人类进步的大问题，关系到个人成功和健康与否的大问题。人类的进步，以科学为重要标志，科学，就是人摆脱对神的迷信、对祖宗的迷信、对领袖的迷信、对权威的迷信，是自信的产物。人的成长就是摆脱对父母和他人的依赖走向自信的过程。这是个人发展的需要，更是社会发展的需要。一些人历史文化崇拜热、宗教崇拜热、相信算命大师，都是不自信造成的。有自信才有疑问，有自信才有创新，有自信才能战胜困难，有自信才能前进，有自信才有事业的成功，有自信才能伟大。自信的人才能够真正享受追求真理的快乐，自信的人才能获得别人的支持和信任（"我不自信，谁人信之"），自信人生100年是促进健康长寿的重要法宝之一。每个人都应当努力通过学习、研究和实践，不断增强自信心。

自信与自卑、盲从、迷信等是对立的，树立自信的过程就是克服和消除自卑、盲从、迷信的过程。记得在粉碎"四人帮"以后，我不到20岁，一天有位长辈让我送东西给南京一所军事学校一位姓张的将军，在他家聊天时，他感慨地说他"文革"结束，最大的收获就是脑袋又回到自己肩上了。当时我很不理解是什么意思，但是，一直没忘记他这句话，时隔十几年后我才对他的话真的理解了。原来许多人脑袋不长在自己肩上，从来没有自己的思维，从来也没有自信过。

自信往往与自满、狂妄、固执等有不解之缘，自满和狂妄都是对自己能力的过高估计，与自信比较容易区别，但固执与自信在众多人脑中是混淆的、模糊的。老年人固执的较多，所以，固执往往成了老年人的特征之一。老年人千万要弄清这个问题，防止被贴上固执的标签。

固执是人最可怕的心理弱点，不要以为固执是小小的心理问题，它是个人的大敌，也是人类的大敌。固执能使人停滞不前，固执能使人走向孤独，固执能使人犯错误，固执能使人走极端，固执能使伟人变为罪人，固执也会损害心身健康和生命。历史上一个领袖的固执带来一个民族的浩劫屡见不鲜，现实中一个企业领导人的固执带来巨大的经济损失也屡见不鲜，因此，要把消除固执提高到相当的高度来认识。

自信是人成熟的标志，固执是人走向极端的开始。

"自信"与"固执"也是老年人常常遇到的褒贬判断。

然而，何谓自信，何谓固执，若追根究底，并非每个人都能够说得清楚。由于认识混淆，往往会产生如下情况：鼓励其自信，反助长了那人的固执；指责其固执，反而打击了人真正的自信。至于一个人今天表现为自信，明天又变得固执，在这方面表现为自信，在另一方面却表现为固执，也是常见的。所以，对一个人的评价，有人会说他固执，有人会说他自信。至于自信与固执的理解，更是众说纷纭。因此，很有必要把自信与固执的区别搞清楚。

《辞海》中解释自信，即"自己相信自己"；解释固执，即"多指坚持成见，不肯变通。"从《辞海》的解释来看，两者颇难断然区分，因为"自己相信自己"中的后一个"自己"包括自己的见解，而自己的见解，当然也不能说没有"成见"，所以，"自己相信自己"与"坚持成见，不肯变通"似乎并不排斥。社会上对自信与固执的认识，主要观点可归纳为：①认为自信与固执无本质区别，只是对同一性格的褒贬说法不同而已。这种说法显然不符合客观实际，因为，人们头脑中自信与固执的褒贬是相对立的概念，它反映的是不同的内涵，针对不同的性格。②认为自信与固执之间有个"度"，过"度"自信后就会变为固执。这种说法认为自信与固执有量变到质变的区别，但没有回答区别的"度"是什么，人们自然就无从掌握这个"度"了。③认为自信与固执的区别不在表现，而在结果。当事实证明您所坚持的观点是正确的时，您就是自信，否则，就是固执。这种事后决定论，无法防止固执的产生，显然也是于事无补和没有实践意义的。④认为自信与固执没有联系，自信是战胜困难的勇气和自己能力的估计，固执是坚持某种错误观点。勇气和能力的估计，是建立在认知的基础上的，认知的正确与否，来自自信和固执，还是没有把自信和固执区别开来，实际运用中，仍难免将两者混为一谈。

　　本人以为自信与固执的本质区别并不在于所坚持的看法是否正确，而在于能否仔细听取和思考不同意见。这是由不同意见的客观价值决定的。①每个人各自所处地位和角度不同，知识、经验和认识水平不同，对事物或问题的看法必然会受到各种条件限制，难免产生片面性和偏面性，形成认识的差异。只有充分听取不同意见，更多地掌握情况，才能全面地认识问题，形成正确的见解。②不同意见还是形成最佳决策的基础，因为通向目标的途径可以有多条，手段可以有多种，充分听取不同意见，才能在不同意见的比较中选择最佳方案。否则，没有比较就没有最佳可言。而且，作为不同意见的另一方案，往往能对决策方案起到补充和完善的作用。③在决策实施过程中的不同意见往往是有价值的反馈信息，能够帮助纠正偏离，运用得好，可以帮助决策不断修正，有利于目标的顺利实现。④正确相对于错误而存在，聪明相对于愚蠢而存在，善相对于恶而存在，不同意见往往占据其中之一。不同意见有积极的、有中性的，也有反面的，错误、愚蠢、邪恶也是以不同意见形式表现出来，充分听取不同意见，才能认识错误所在、认识愚蠢所在、认识邪恶所在，更好地纠正错误，坚持真理；更好地摆脱愚蠢，增添聪慧；更好地消除邪恶，助长正义。

本人以为自信和固执是一个人的心理品格、涵养成熟与否的主要标志。具体地说，可以从以下方面对自信与固执进行判断：

1. 自信者能够仔细听取和思考不同意见，坚持己见时，他的观点来自系统的思考，具有理论和实践基础；而固执者不愿听取更不愿思考不同意见，坚持的观点往往来自情感、个人经验、未经论证的直觉和接受符合个人利益的观点。

2. 自信者自我反省意识强，勇于承认和改正错误；固执者很少自我反省，虚荣心强，死要面子，如君主不愿向臣民认错，父亲不愿向子女认错，老师不愿向学生认错，上级不愿意向下级认错，因此，往往一个错误导致另一个错误，小错带来大错。

3. 自信者善于说服他人，在不同意见者面前心胸坦然，相信正确的东西一定会被人们接受；固执者不善于讲道理，遇到不同意见易情绪激动、骂人、训人或吵架。

4. 自信者尊重科学知识，重视实践经验，具有科学态度，善于接受新事物；固执者不尊重科学，常常脱离实践，守着旧的知识和个人感受，反对新的探索。

5. 自信者思维方式具有逻辑性，善于接受新的思维方式，发展自己的科学思维；固执者思维方式不合逻辑，或逻辑层次较低，或很难摆脱长期形成的思维定式。

6. 自信者心胸开阔，身体健康，精神振奋，努力进取；固执者往往悲观失望，自感四面楚歌，孤独苦恼，易患身心疾病，如胃溃疡、高血压、中风、心肌梗死、癌症、青光眼等。

（七）做有自知之明的人

俗话说"人贵有自知之明"，可见要认清自己并非容易，而认清自己缺点和弱点则更难，一个人能够发现自己优点并发扬光大，不断发现自己的缺点和弱点并能努力克服，才能不断进步。

怎样才能发现自己的优点和缺点、弱点呢？

首先，要承认任何人包括自己不是完人，任何人都存在优点和缺点、弱点。关于优点，要相信"天生我材必有用"这句古训，任何时候都不要失去信心。关于缺点和弱点，毛泽东曾经说过除了娘胎里和棺材里的人外，人人都有缺点，都会犯错误。

其次，要认识到事物是不断发展变化的，昨天的优点，今天不一定就是优点。例如，有些人年轻时，喜欢将工作安排得很紧张，工作效率很高，人们都称赞他们，而到了老年，年龄不饶人了，身体不适应了，再这样下去，就要患高血压、脑出血了。再例如，有些企业家，创业时靠冒险精神，靠个人吃苦和勤奋，而成为一个大企业后，守业不冒险很重要，只靠个人不行，更多地要靠大家智慧的组合。昨天人们赞美您的优点，今天很可能是葬送您的缺点。

再次，要认识到所谓优点和缺点、弱点，是相对于客观条件和环境是否适应而言。由于客观条件和环境改变了，在这一实际状况下的优点到另一状况下就不一定是优点了。例如，有的人善于妥协、折中、调和，在这一单位中，因存在着极端的两方，所以中间是正确的，妥协、折中、调和也就成为优点了。但到另一单位，存在着严重的不正之风，妥协、调和、折中就是丧失原则，就是一大缺点。由于人所处的环境，条件不一样，就要求人们不能停滞在原有状况或特点上。

如何发现自己的优点和缺点、弱点，可以采取以下途径：

1. 深交一些诚恳有见识的知心朋友，多听听他们对自己直言不讳地的评论和忠告，并通过朋友了解别人对自己的看法。

2. 注意仔细观察周围人对自己言行、所作所为的态度，特别要重视和虚心接受对自己的批评意见。一个善于吸取和虚心接受别人意见的人，才能经常听到别人诚恳的肺腑之言。

3. 经常检查自己实践的成效，并思考与个性有无相关，从中发现由于自己的优点和缺点、弱点造成实践成败的经验和教训，发扬优点，努力克服缺点、弱点。

4. 寻找对自己个性形成影响大的人的优点和缺点、弱点，对照自己，从而进一步认识自己。看自己缺点不容易，看别人的容易，看自己父母、自己崇拜的人的缺点和弱点，便能帮助自己发现自己的缺点和弱点。同理，自己看自己孩子的缺点和弱点，看是自己培养又喜爱的人的缺点和弱点，也能借此发现自己的缺点和弱点，因为自己孩子受自己影响较大，自己培养又喜爱的人往往与自己相似较多。在我的工作中发现，一个人走上社会工作岗位，第一个带他的人对他的优点和缺点形成，影响很大，如果没有反省，终身都扭不过来。

5. 经常把自己与优秀人才相比较，更能够发现自己不足。有个故事，传说古代有个叫邹忌的相国，相貌堂堂，听说同住一城的徐公也长得一表人才，他就问妻子、妾和一位访客，他与徐公相比谁长得更美，妻子、妾和访客都称赞他比徐公更美。有一天徐公登门来访，他对照镜子与徐公比较了一番，发现徐公长得比他更美，他反复思考为什么妻、妾和访客说他比徐公更美呢？总算找到了解答，妻子说他美是偏爱他，妾说他美是怕他，访客说他美是有求于他。

6. 通过有关方面知识的学习，提高自我认识能力。如掌握心理学知识，可以进一步认识男性、女性、青年、老年的特点，克服性别和年龄上的一些弱点。掌握梦的解析，可以通过对自己梦的解析，了解自己多重人格特征。用心理量表测试也可以发现自己的一些优点和弱点。掌握有关医学知识，可以知道内分泌、机体衰老、遗传和某些疾病对人思维状态和行为的影响，如经前期、更年期、高血压、心脏病等产生的身心弱势。通过对民族文化的研究，可以进一步认识民族的特点，克服消极文化因素对个人的影响。

7. 用现代技术手段认识自己。一是通过基因检测技术，发现自己的优点和缺点、弱点；二是通过大数据技术发现自己的优点和缺点、弱点。有几千万人的大数据，只要输入出生时间、地点、家庭、教育等参数，定能找出一类人的优点和缺点、弱点，包括整个行为模式。

（八）做有道德水准的人

道德，道是天地自然之道，德是行为符合天地自然之道。天地自然之道就是人性的满足与社会性的统一并遵从于天地自然不可抗力。人们常说的道德更多地指社会行为规范，它也必须符合人性、社会性和天地自然不可抗力。我认为道德有四大根基（见图24），其他规范都是从这四大根基上衍生的。

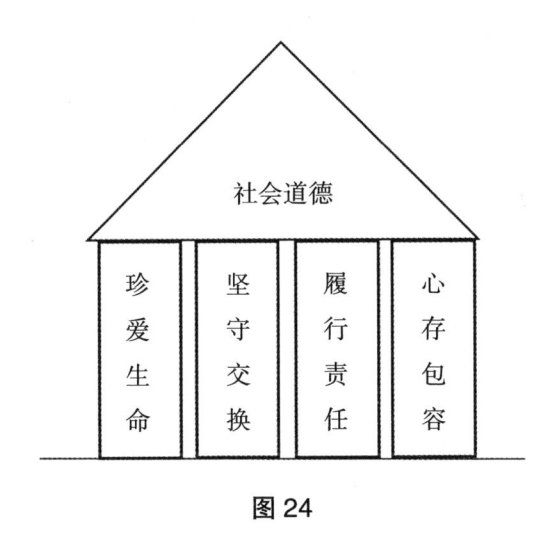

```
        /\
       /  \
      / 社会道德 \
     /_____\
    | 珍 | 坚 | 履 | 心 |
    | 爱 | 守 | 行 | 存 |
    | 生 | 交 | 责 | 包 |
    | 命 | 换 | 任 | 容 |
    |___|___|___|___|
```

图 24

1.珍爱生命。人类所有的追求，都是以生命幸福为出发点和归属。所有生物界中，人是最高的生命体。个人生命是父母生命的延续。所谓道德，首先应该是无条件地珍爱生命。生命至高无上。任何用牺牲生命方式换取价值的文化都是反人类的文化，都是不道德的。热爱自己的生命，同样要关爱他人的生命，两者缺一不可，是道德第一根基。所有战争都是对生命的无视，都是不道德的，只有一种消灭战争的战争和为生命存活的战争是道德的。现在，有些青年人，缺少道德教育，遇到点挫折，就想自杀；遇上情感刺激，就有杀人的冲动，最基本的道德水准都没有。许多老年人以健康为中心，做自己健康的第一责任人，是道德水准的提升。同时，也应树立关爱他人生命与关爱自己生命同样重要的道德观。

2. 坚守交换。交换是社会的本质。通过交换实现社会分工协作。交换，可用自己拥有的，换取自己需要又没的东西。也可用自己未来价值，换取今天需要的满足。前一种交换，早期是易货交换，发展到现今的钱币交换，以公平和诚信为支撑。后一种交换，是非钱币衡量的交换空间，以感恩和承诺为支撑。交换，就是用付出换取回报，有市场经济买卖商品的现时议价交换；有父母养育子女和子女孝敬父母的无价延期交换；有张帮助了李，李帮助了王，王帮助了陈，陈帮助了张的无价延伸交换。人的需求与社会的关系有三种状态：索取、交换和无私付出。孩子期要吃要喝是索取；到成年期用付出换取，再到富有期向社会无私付出。很多人财富积累和思想境界达不到无私付出这个时期，所以，人的需求和社会关系的主流就是交换。对一个成年人，要获取，就要用付出去交换，这是社会基本道德准则。任何贪污、偷盗、诈骗、抢劫、掠夺都是不道德的。一个成年人不愿劳动，坐享父母的给予，也是不道德的。夫妻之间，一方只索取爱，不愿付出爱，也是不道德的。一个有劳动能力的人，不劳而获坐享社会福利，更是不道德的。个人要更大的获取，就需要付出更大的努力去交换。市场的交换需要公平、诚信和守约，非市场的交换需要心存感恩，有恩必报，或回报社会。

3. 履行责任。社会是结构性社会，是一台庞大的机器，有家庭、学校、医院、企业、社团组织、政府机构、社区、城市、国家等结构或组织，每个人处在社会结构或组织中某个位置上，支撑着社会机器的运转。一个人在家族中，做子女要履行子女责任，做父母要履行父母责任，做夫妻要履行夫妻责任；在社会上担任教师、医生、生产者和服务者、公务员、县长、省长、总统都应履行岗位或角色责任，这是社会运转需要人们必须具备的道德。占据社会重要位置，不作为，不认真履行责任的人，不仅是没有道德水准，甚至可以说是对社会无形的犯罪。

4. 心存包容。包容作为道德根基，很可能不被认可，因为每个人每天都在包容别人，不必要把包容上升到道德层面。那是因为每个人被迫不得不在言行上包容某种程度制约自己的人，实际是一种忍让，内心不一定包容别人。您看不惯您的领导，但您必须在他手下工作，您忍让了。您的配偶整天唠叨，但您们要在一起生活，您忍让了。您的合作者个性咄咄逼人，但利益上无法分割，您忍让了。实际自己并不快乐。许多人一旦拥有权力后，很可能就缺少包容了，像眼里容不下沙子一样，容不下看不惯的人和事。所谓土皇帝、家长制，都是领导缺少包容的品德。包容是和谐、博爱和民主的根基。人与人先天不一样，后天习性和接受文化也不一样，各人的认知和思考能力更不一样，品德有层次，认知有深浅，习惯难改变，没有包容，就没有合作。您可能看得惯，可能看不惯，看不惯的人，您可以远离，非要在一起合作时要有包容之心，对合作很重要，对自己心理健康更重要。包容不是忍受，而是看透的接受。社会没有包容，就没有丰富个性的社会人群，就没有文化的多元性，就没有真理的探索，就没有人类的进步。社会的包容，是每个人的包容构建的，要尊重各类不同层次的人，与人友爱相处，以广阔的胸襟，善于听取不同意见，接受别人的个性，形成和谐的人际关系和对各种文化思想的兼收并蓄。当然，包容是要有原则、智慧和技巧的，伤及他人和蓄意破坏是不能包容的。在日常生活中，常遇到一些难以包容的情况，如固执己见并强词夺理的人，整天唠叨不休的人，生活邋里邋遢的人，总怪罪别人的人，总提出反对意见的人，行为低俗的人，这些人可能是您的亲人、朋友、合作者，还有一些看不起您的人，总是找您麻烦的人和您的竞争对手，对于这些人都要有一颗包容的心，一是不要攻击他们，不要给自己树敌；二是要超越单纯的忍让，不要伤害自己心灵，而是要提升自己，站在高位看待和怜悯他人的无知；三是可以用回避、点化、引导、事实证明、让时间去改变等技巧应对；四是针对有害性言行做好自我防护或对抗。

（九）做"要明白"的人

"要明白"是人性的最高属性，是推动人类进步的原始动力。只要您该弄明白的都能弄明白了，您就不会有烦恼了。也就是说该看透的看透了，知道该怎么应对了，命运中已经注定的，君子不与命争，乐于接受，就没有烦恼。您不想"要明白"，是对做人最高属性的放弃；别人不让您明白，是对您最高人性的扼杀。"要明白"是一种精神、态度、人生观，是一个积极地学习、思考、研究的过程，永远也没有终点，永远都有弄不清的事、弄不清的理、弄不清的结果，但是，在弄明白的过程中，您会获得新思想，您会获得新提升，您会获得新快乐。一个人至少要弄明白自己成功与失败原因，自己快乐与痛苦的原因，自己健康与病痛的原因，自己夫妻情感和家庭关系好与不好的原因，自己社会关系好与不好的原因，弄明白得越多，越能想得通，拿得起，放得下，人生收获就越大，幸福度就越高。

（十）做贵人

人生的成功，一定有贵人帮助，除非您没有成功。如果，您有条件，成为别人的贵人，帮助值得帮助的人成功，是人生很有意义的事，也是积功德的事和快乐的事。我有一个同学在某市教育局做领导，他说最怕我母亲找他，我问为什么，他说我母亲喜欢乱帮忙，什么保洁工、家政服务员的孩子想上好学校都去找他。我回家跟我母亲讲，让她以后不要乱帮人忙，给我同学增加麻烦。我母亲回了我一句，能帮助别人为什么不帮助？事后，我想，假如我是一个保洁工或家政服务员的孩子，如果有人帮我上好的学校，未来一定会有更好的发展。我自己在一个农村卫生院工作，也是贵人相助，把我调到省城。后来，我就不再责怪我母亲了。至于我同学愿不愿意帮助，那是另一回事，至少我母亲尽到了帮助别人的心意。我母亲有时为别人的事找我，如果我能做的，我也尽力做。

您人生中需要的贵人	您成为别人的贵人
认可您价值并乐于不断帮助您的人	发现并帮助德才兼备的人
宽容您的错误并提醒您纠正不足的人	宽容别人一时失误，给予纠正错误机会
帮助您理清思路并指明您方向的人	提升自我，指导他人
提供您发展机遇或平台的人	帮助有德能的人对接机遇和更大平台
介绍有价值的朋友让您认识的人	介绍更多有价值的朋友给德才兼备的人
给予您正能量和激励您进取的人	自己保持正能量，激励周边的人
在关键时候帮助您的人	有条件时多帮助别人
帮助您解决重大难题的人	帮助别人解决重大难题
能控制您不过量喝酒的人（哈哈）	劝爱喝酒的少喝酒（因中国是第一产酒大国）

做人，除了一些共性基本要求外，另外，每个人根据自己的愿望、能力、资源、天赋、所处环境等做什么样的人，自己选择，例如，在社会舞台上做导演、演员、观众，自己对号入座。但是一定要自己做自己的导演和演员。退休的人可选择做快乐老人、健康老人、自重老人、智慧老人、光彩老人、现代老人等，自己赋予其内涵。

新的时代，老年人自己要反思，做什么样的老年人，才更值得晚辈尊重和学习，才更有利于解决老龄化带来的社会问题，才更适宜建立代际共融的和谐社会。为了老年人自己的幸福和社会的和谐发展，倡导做"新时代老年人"，首先，要做"健康老人"，自己不受罪，家庭不拖累，节约医药费，有利全社会。其次，要做"快乐老人"，以积极心态和思维方式，微笑面对昨天、今天和明天，发出积极的声音，表现积极的行为，追求快乐，享受快乐，把快乐洒向社会。第三，要做"进取老人"，不断学习，善于总结，勇于改变，与时俱进，自我完善。第四，要做"亲和老人"，理解他人，包容他人，善待他人，乐于帮助他人。第五，要做"风采老人"，有乐趣，有情意，有气质，有个性美，有文明风范，光彩照人。第六，要做"智慧老人"，能够站在社会之上、历史之上、生命之上、文化之上，认识社会，认识人生，自觉走在正确的道路上，正确处理每件事情，正确指导他人。

三、做事

韩国有位百岁老人，叫金亨锡，国内出版了一本他百岁时写的书——《活着活着，就100岁了》，他总结自己活100岁的秘诀是"我为自己想做的事情倾注心血，这种努力一直引领着我活到一百岁。"他60岁以后，出版了多本书和为报纸专栏写文章，每年做100多场演讲。他90岁以后说"我下定决心，只要是能做事，哪怕是对近邻亲人提供小小的帮助也是好的。而我要为自己做的事已经全部做完了。"

做事，我个人体会，第一，目标要切合实际，要考虑自己的资源、精力、时间、知识结构、资金、家庭支持、健康状况、可借用的力量等条件是否允许。第二，要分析和选择实现目标的路径。第三，考虑用什么运行载体。第四，考虑以什么力量来推动。第五，考虑自己的角色，或考虑能否找到与实现目标相匹配角色。第六，寻找相匹配的舞台。第七，不断学习和总结提升自身的能力。

做事，就其领域，可选择政治、经济、社会、文化、环境等；就其行为，可选择政府行为、社会行为和市场行为；就其舞台，可选择社区、社团、社群、企业、老年大学、网络、家庭等；就其形式，可选择向政府建言献策、在报刊发表文章、著书立说、自媒体制作内容、参与社会活动、咨询服务、演讲和授课、科研、创业、生产和服务等；就其与自己的关系，可以选择做自己喜欢做的事，做自己擅长的事，做提升自我价值或价值大的事（对家人、对社会、对自己），做可发展的事，做压力不大的事，做资源、条件、机遇容易做成的事，做不得不做的事，做不离开第二年龄社会的事，做第三年龄的事，等等。

建议做以下一些事：

养生保健，是每个退休人员都应该做的事，自己是自己健康的第一责任人，每天需要花一定时间去做，包括保健运动、营养膳食、通经活络、心性修持等，方法选择适合自己的。

慈善公益，建议经济条件好的退休人员适当做一些慈善和公益。慈善是对困难人群的无偿帮助；公益是对困难人群和社会文明进步不以营利为目的的服务。我朋友刘宇庆提出新公益概念，不以营利为目的，用机制和模式实现帮助所有人发展和促进社会文明进步的目标。具体做什么慈善和公益事，根据个人情况和条件而定。

自己喜欢的事，如琴棋书画、唱歌跳舞、摄影旅游、文学诗歌、建言献策、科研发明、赚钱理财、运动和游戏，等等。

玩乐，也是一种做事，把做事当玩乐更适合退休人员，要玩出刺激、玩出品位、玩出档次、玩出金钱，玩出价值。

我记不清了，大约是在2014年，去景德镇市老年大学参加一个会议，看到90岁学员夫妇俩举办书画展，他们从退休后在老年大学学习了30年，90岁时举办书画展，印了书画册。30年就做这么一件事。您认为有价值吗？也许您不愿意30年就做这么一件事，有人甚至认为没有什么价值。我说，第一，他们做自己喜欢做的事，活得很充实和快乐，健康地活到了90岁，还将继续活下去。第二，他们与世无争，没有损害和打扰任何人。第三，他们以自己生命不息学习不止的精神，影响着家庭后代和身边的人。第四，他们传承和发扬了传统书画艺术。有什么不好吗？难道不是价值所在吗？至于您选不选择这样做，或选择其他事，那是您的个人的价值取向。我曾经在省老年大学协会一个书展致词中说，老年人学习书画是追求美、审阅美、欣赏美、创作美的身心愉悦活动，从中能够起到修心、修性、修情、修品的效果。老年人最怕的是独处的孤独，许多老年人因孤独而孤僻，因孤独而焦虑，因孤独而抑郁，因孤独而产生疾病，甚至因孤独而死亡。而恰恰学习书画的老年人最不怕独处，一个人沉浸在书画的欣赏和创作的美妙感受之中，是高雅的享受，生怕别人打扰。学习书画的老年人性格比一般人平和，心境比一般人愉悦，烦恼比一般人少，睡眠比一般人质量好，家庭关系和人际关系比一般人和谐，患癌症的比例比一般人少得多，寿命比一般人更长，笑容也比一般人更美和更有亲和力。这就是老年人学习书画的个人意义！如果从社会意义上看，对精神文明建设、文化建设和对下一代影响都有重要意义。

我大学一位同学对我说，她父亲和她舅舅，两人做的是完全不一样的事，都活到了90多岁。舅舅特别重视养生保健，除了学习和分享保健知识，就没有其他感兴趣的事，一早起床就开始穴位按摩，打太极拳，按营养学和中医膳食配餐，有一整套养生保健方案，成功地活到了90多岁。她父亲是社会科学院退休的一名研究员，退休后一直写作，发表文章，从不重视养生保健，也活到了90多岁。前者，您可以说他为活得长而活着，没有意义。后者，您可以说，已经退休了，再发表文章对他晋职称已经没有任何价值了。但是，他们都是为了自己活得更好而活着，不伤及和干扰别人，还用自己的专业助益他人。

我有一位读者，叫吴作义，曾经做过原邳州县县长，在67岁时，经历了肾、胆囊、胃手术，对健康未来缺乏信心，处于待在家里等死状态。有一天，他在书店买了我写的《健康向你走来》一书（东南大学出版社），第一次认识到健康还可以自己把握。开始坚持学习和身体力行养生保健知识并分享给他人。身体状况显著好起来，80多岁还在全国各地和国外旅游。还帮我推销2000多册《健康向你走来》，自己花钱编印《养生保健文摘》赠送他人，并分享他的养生保健认知和体验。我们也成了好朋友，一直保持联系，他总是说我是他的救命恩人。2023年春节给我打电话恭贺新年时，告诉我他97岁，身体各种指标正常，活到100岁有把握了。

我有一位老领导叫姜宗廉，曾经担任过南京市副市长、江苏省商业厅厅长、江苏省老龄委员会副主任，当时，我们单位有几位老领导，耳朵大耳垂大，他相对来说耳朵耳垂不算大，按传统面象说和中医说，肾开窍于耳，肾为先天之本，耳朵大、耳垂大，寿命长，三十几年过去了，几位耳朵大耳垂大的领导，一位99岁离世，一位93岁离世，一位89岁离世。2023年5月，我去看姜老，他已经94岁了，仍然神志清楚，耳聪目明，思维敏捷，而且，耳朵也比以前长大了。他曾经近二十年，自己花钱订很多报纸，阅读后，把精彩的文章剪下来，粘贴成一张小报，复印后寄给好朋友，朋友们说是他给大家开的精神营养小灶。一直到微信使用很广后，他才停止做这件事。我们一直没有忘记他给我们开的营养小灶。这是一个正厅级退休领导所做的事。

说说对我退休生活影响比较大的三位老人做的事。

第一位是姚品荣，他从江苏省体育局退休后，每天早上提着包对老婆说上班了，实际是去老干部活动中心阅览室看书和写作。他称"虚拟上班"，如果刮风下雨，可以不上班，家里有事也可以迟到早退。我还与他合作编了一本《世界五百名人纵论老年与长寿》（河海大学出版社）。我最后一次看到他是在南京图书馆阅览室，我很惊讶！我说"姚老，您还虚拟上班啊，您今年高寿？"他说96岁了。我说"以前，您不是在老干部活动中心阅览室上班吗，怎么改到这里上班啦？"他说早就不在那里上班了，那里书太少。我说"您身体这么好，最近养生有什么新认识？"他告诉我，他学习和认知有三个阶段，第一阶段是什么都往脑子里装；第二阶段，发现和提炼价值大的知识、传播价值大的知识，如出版了《中华养生知识精要》（人民体育出版社）、《世界养生长寿智慧大观》（江苏美术出版社）；第三阶段形成自己的思想观点和认识体系，准备写出来分享给大家。他的学习与写作，对我影响很大，我曾有一两年时间，一边读书，一边在博客上发表读书札记。特别是他的虚拟上班概念，我觉得很好，值得学习效仿，但是，我觉得在老干部活动中心阅览室和图书馆虚拟上班，不能与朋友高谈阔论，也不能累时躺一躺，也不便谈项目，因此，我和几位退休的朋友，租了一个办公室，大家一起真真假假上班，玩是第一位，同时想做点咨询项目，赚点小钱，支付房租，做了5年，亏了17万元，他们都不愿出钱了，我就干脆自己花钱在南京先锋广场买了一间办公室，保证自己永远可以上班，保证朋友可以经常来谈天说地或打牌，打算坚持到自己不能上班为止。

第二位是鲍昭彰，是我年轻时认识的时间最长的老人，他1980退休后，我目睹他做了许多事，有成有败。他参与创办金陵城市信用社，后来发展成南京银行。他还参与创办南京经贸学校，亲自编写教材和走上讲台。30年前，他还发起成立南京养老联盟，当时我总给他泼冷水，笑他没有粘接剂，粘不起来养老机构，但他还是执着地想做成此事，花了不少时间，还赔了许多钱，以失败而告终，但他没有后悔过。36年前他发起成立的南京市经贸企业管理研究会和南京市合作金融研究会，70多岁后，一直在其中担任顾问。他96岁时患了结肠癌，手术后半个月，就又去上班了。100岁以后，因骨折而未能再去上班，于2021年11月26日睡梦中离去（享年102岁）。我看到他的长寿之道：一是生活一直有目标。102岁时，我问他下一个目标是什么？他说下一个目标，多活一天就是胜利。每天早晨一醒来，感觉还活着，就高兴。二是天天有事做。100岁前，坚持上班，100岁后，每天坚持上下午各活动半小时和吸氧半小时。三是乐于助人，不计较回报。他帮助许多亲戚、朋友、年轻人尤其是创业者。我亲历了他支持某养老创业者，赔了十几万元，乐在其中。四是礼尚往来不欠账。他 102 岁作古之前，我带了点礼物去看他，走时，他一定要找点礼物回送我，我说不要，他坚定地说"哪有不回礼的道理！"因为他家里一时找不到合适的东西回送我，他很着急，后来好不容易找到一包剃须刀，我说这个很好很好（其实我从来不用这种剃须刀），接受了，他才放我走。他一辈子都是这样，别人欠他的他不在乎，他不欠别人。

第三位是费伦，他是复旦大学分子物理学教授。2015 年 9 月，有一天倍轻松公司董事长马赫廷对我讲："有一位年已 85 岁的费伦老教授，一直研究经络调理，很想为社会做出更大贡献，与您有共同之处，我建议你们见面聊聊，一定谈得来"，经马介绍，我与 85 岁的费伦教授在深圳相见，我们谈了 8 个小时，除了中午吃了一点快餐，他一直在充满激情地说，那言谈中对科学的执着、对促进人类健康的巨大使命感、勤奋工作、不计个人利益、乐于助人的精神，让我由衷敬佩。他花了多年时间研究，终于找到了几项经络存在的具体证据。他还发明了灸疗经络调理八法，方便深入家庭，惠及百姓。

他尽管 85 岁高龄，思维活跃，身体动作敏捷，皮肤肌肉弹性好，工作耐力强。他身体为什么这么好，我认为有四个关键点：一是他每天晚上 9 点睡觉；二是他执着于做自己喜欢又对人类有巨大意义的好事；三是以助人和奉献为乐；四是用经络调理方法保持经络畅通。他每个月只有三分之一时间住在家里，其他时间都是跑出去为别人经络调理。他经常自付路费和住宿费去帮助请他帮忙的人，或合作开展科研项目。他在安徽一个农村设点免费为农村贫困的病人服务。他的研究成果和经验，毫无保留地分享给每位想学的人，他与别人合作研究，成果不计较个人署名。他与太太有三个约定，不收病人钱，不收病人礼，不把病人带到家中（否则，很多病人上门，家就成了医疗场所了）。他经常对别人说，有一天一位病人感激他，不知怎么找到了他家，带着礼物，被他太太拒之门外，病人把贵重礼物放在门口，被他太太扔下楼。所以没有人再敢去他家送礼。

许多老年人喜欢写自传，我 2008 年 12 月 14 日在《老年周报》上发表过一篇文章：《为普通人写自传叫好》——读吴泽量先生《一个普通人的足迹》有感。现附上供参考。

曾经看到过一个报道，说某地老年人自我写传记成为时尚，当时没引起我什么反应。有一天，原南京金陵老年大学副校长吴泽量先生赠给我一本他第二次退休后写的类似自传又汇集自己过去一些作品的文集——《一个普通人的足迹》，虽然这不是一本正式出版物，我读后，不仅对书中内容，更主要的对这一事情本身颇有感慨：

第一，社会更需要普通人的传记和回忆录。过去，传记和回忆录类作品多是伟人和名人专利。普通人阅读它，能成为伟人和名人的毕竟极少。现在歌星、主持人、暴发户也纷纷写自我传记，实在不敢恭维。一个社会的文明进步，不是以伟人和名人来衡量的，更重要的是看广大普通人的文明程度。而社会鼓励人们走向伟大，却很少教人们如何首先做好一个普通人。吴先生的这本书我看后，从中感受到他有很多优秀的品质、做人做事的态度以及对人生的感悟，对我做好一个普通人很有启发。雷锋是普通人，值得学习，但普通人不可能一种模式，多元多彩的社会需要塑造千差万别的优秀普通人。每一个普通人特别是老年人的传记和回忆录都是一本教科书。

第二，家庭文化建设需要传家之作。我们处在信息社会，有看不完的书，许多好书我们可能不屑一顾，如果是自己祖辈之作，则从情感上会尊重它。这对于家人世代修养和文明具有重要的影响力。时代不同了，写书不一定要赚钱，仅留给自己的后人这一意义就足以有其存在的价值。中国人过去习惯记家谱，以致每代人努力在身份和地位上光宗耀祖和影响后代，较少有《朱子家训》《傅雷家书》这种传家之作。我只知道我的祖辈曾经做过大官，却不知道祖辈对做官做民的感悟和对人生幸福的理解，如果我把做官作为人生目标，很可能会误入歧途。现在市场经济早期，老年人写的回忆录，也许儿女辈不感兴趣。但我想说，儿女辈今天不愿读，不代表他们老了不愿读；儿女辈不愿读，不代表孙子辈不愿读，不代表重孙辈不愿读。只要是有人性的血肉和心灵之作必有读者。

第三，这是值得倡导的高品位的文化消费。过去写书要赚钱，现在我们可以更新观念，写书要花钱。我从吴先生书中看到了写作的过程是感情抒发的过程，他把对父亲的敬重，对伟大母爱的感受，对妻子的感激和赞美，对子女的关爱和天伦之乐，对战友的深情，都尽情抒发和再度体验了。我从吴先生的书中看到了他对人生的咀嚼和回味，看到了他写作过程的快乐，看到了他自己对自己工作的肯定和做人的问心无愧。我还从吴先生书中料想到他以后每每翻开这本书时，一定会感到愉悦和陶醉。有这些收获，花点印书钱还有什么不值得呢！另外，每个人对社会做过的很多贡献和失误，他人不一定都知道，也不一定都得到社会准确评价，只有自己最清楚，自己写出来，不一定要求社会认可、原谅或赞扬，只要对自己、家人和社会有一个交代也是有意义的。

第四，这是人际交流和影响社会的好形式。我过去与吴先生工作上来往，他给我的感觉只是为人厚道、做事认真、有原则性、性格内向，看了他写的书，才知道他有情有义，内心世界丰富，还很有浪漫情调，是一个有生活、有感悟、有思想的人，更增加了我对他的了解和敬重。特别是他对工作和为人处世的态度、责任心，感染着我，教育着我，我想也影响其他读者（当然都是他的亲友或熟人）。仅就这样的影响范围，也有不可替代的促进社会文明作用。我们不要指望谁都能影响这个世界，能影响几个人也是了不起的。

第五，历史需要这样的记录。一个时代，广大普通人是怎样生活的，怎样理解生活的，怎样评价社会的，这是衡量历史和认识社会的重要素材。历史由官方来写，由几个历史学家来写，都难保证信息的全对称，应该补上普通人写的一页（无数普通人对当代的记录和理解）。我感觉将来研究历史不仅要从档案馆和图书馆中找资料，也要从普通人家中找资料，这才能发现真正的历史。中国社会的历史往往被权力之下的文人随意修饰和描画，如果每个家庭都有代代传家之作，每个人对历史都有发言权，文人们就没有条件践踏历史了。我觉得，自己写回忆录或自传不一定要正式出版，印 100 本送给亲朋好友，存入 U 盘就够了。当然能正式出版更好。出版往往要按出版社要求写，写作水平要求较高，又要考虑有无市场，怎样迎合读者，印刷成本费也太高。老年人又不需要评职称，又不讲究虚名，也不要指望赚钱，这样想，只要本着对他人对社会有益，如实地想怎么写就怎么写，其写作过程会更自由，更自在，更多地体验到其中的快乐。

我从事多年老龄工作，有许多老年朋友，他们的许多故事都是很好的精神文明建设教材，例如，有位老干部曾告诉我，在违背良心的年代，他是怎样做了许多与人为善的好事。这种超年代的卓识，是很了不起的。也有位老人曾与我谈过他过去的无知和违心之举。这种反省，也是了不起的。我真心地希望更多的老年人写出自己的过去，也希望更多的人去阅读这些普通老人的回顾，其普通中必然蕴藏着伟大的思想和民族之魂。